国家中等职业教育改革发展
示范校核心课程系列教材

农机电气故障诊断与排除实训指导

Nongji Dianqi Guzhang Zhenduan yu Paichu Shixun Zhidao

要保新 主编

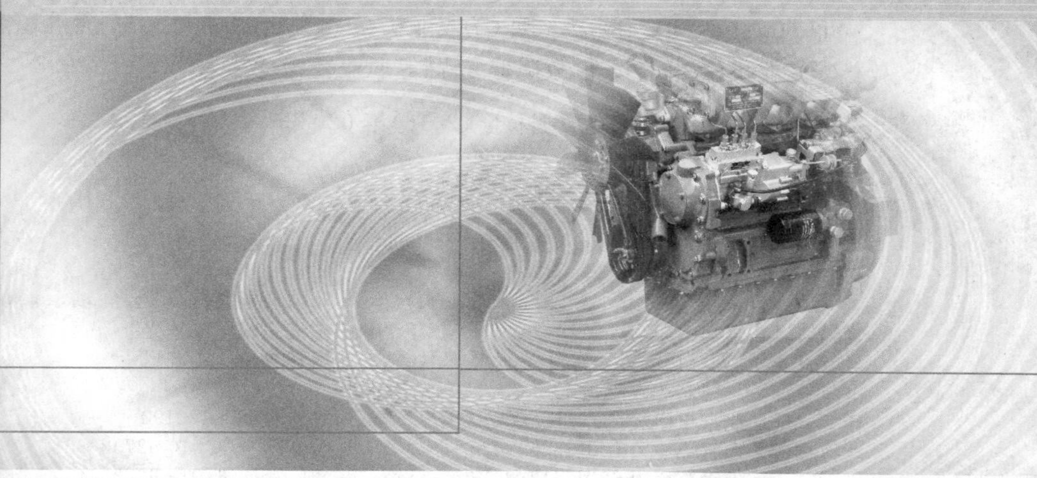

中国农业大学出版社
CHINA AGRICULTURAL UNIVERSITY PRESS

内 容 简 介

为了适应中等职业学校教学的需要，突出职业能力训练的特点，本教材采用职业任务驱动的教学思路编写。教材以我国农村拥有量较大的农机电气设备为例，主要讲解了蓄电池、发电机、调节器、启动机、照明仪表系统、电喇叭及刮水器等电气设备的结构和使用，主要元器件的检测方法及其保养、常见故障诊断及排除方法等。通过对职业任务分析与实训相结合，力求掌握农机电气设备使用与维护的目的，延长农机电气设备的使用寿命。通过课后习题能更好地学习和巩固实训内容。

本教材可作为农机专业的教学用书，也可作为拖拉机、联合收割机驾驶员，农机维修工的参考用书。

图书在版编目(CIP)数据

农机电气故障诊断与排除实训指导/要保新主编.—北京：中国农业大学出版社，2016.3

ISBN 978-7-5655-1489-0

Ⅰ.①农…　Ⅱ.①要…　Ⅲ.①农业机械-电气设备-故障诊断-高等职业教育-教材②农业机械-电气设备-故障修复-高等职业教育-教材　Ⅳ.①S232.8

中国版本图书馆 CIP 数据核字(2016)第 020326 号

书　　名　农机电气故障诊断与排除实训指导
作　　者　要保新　主编

策划编辑　赵　中　　　　责任编辑　洪重光
封面设计　郑　川　　　　责任校对　王晓凤
出版发行　中国农业大学出版社
社　　址　北京市海淀区圆明园西路 2 号　　　邮政编码　100193
电　　话　发行部 010-62818525，8625　　　读者服务部 010-62732336
　　　　　编辑部 010-62732617，2618　　　出 版 部 010-62733440
网　　址　http://www.cau.edu.cn/caup　　　**E-mail** cbsszs @ cau.edu.cn
经　　销　新华书店
印　　刷　涿州市星河印刷有限公司
版　　次　2016 年 4 月第 1 版　　2016 年 4 月第 1 次印刷
规　　格　787×980　　16 开本　　11.5 印张　　210 千字
定　　价　23.00 元

图书如有质量问题本社发行部负责调换

国家中等职业教育改革发展示范校核心课程系列教材
建设委员会成员名单

主 任 委 员：赵卫琍

副主任委员：栾　艳　何国新　江凤平　关　红　许学义

委　　　员：（按姓名汉语拼音排序）

边占山　陈　禹　韩凤奎　金英华　李　强

梁丽新　刘景海　刘昱红　孙万库　王昆朋

严文岱　要保新　赵志顺

编写人员

主　编　要保新

参　编　许学义　刘昱红　李　欣

序言

职业教育是“以服务发展为宗旨，以促进就业为导向”的教育，中等职业学校开设的课程是为课程学习者构建通向就业的桥梁。无论是课程设置、专业教学计划制定、教材选择和开发，还是教学方案的设计，都要围绕课程学习者将来就业所必需的职业能力形成这一核心目标，从宏观到微观逐级强化。教材是教学活动的基础，是知识和技能的有效载体，它决定了中等职业学校的办学目标和课程特点。因此，教材选择和开发关系着中等职业学校的学生知识、技能和综合素质的形成质量，同时对中等职业学校端正办学方向、提高师资水平、确保教学质量也显得尤为重要。

2015年国务院颁布的《关于加快发展现代职业教育的决定》提出：“建立专业教学标准和职业标准联动开发机制，推进专业设置、专业课程内容与职业标准相衔接，形成对接紧密、特色鲜明、动态调整的职业教育课程体系”等要求。这对于探索职业教育的规律和特点，推进课程改革和教材建设以及提高教育教学质量，具有重要的指导作用和深远的历史意义。

目前，职业教育课程改革和教材建设从整体上看进展缓慢，特别是在“以促进就业为导向”的办学思想指导下，开发、编写符合学生认知和技能形成规律，体现以应用为主线，符合工作过程系统化逻辑，具有鲜明职教特色的教材等方面还有很大差距。主要是中等职业学校现有部分课程及教材不适应社会对专业技能的需要和学校发展的需求，迫切需要学校自主开发适合学校特点的校本课程，编写具有实用价值的校本教材。

校本教材是学校实施教学改革对教学内容进行研究后开发的教与学的素材，是为了弥补国家规划教材满足不了教学的实际需要而补充的教材。抚顺市农业特产学校经过十多年的改革探索和两年的示范校建设，在课程改革和教材建设上取得了一些成就，特别是示范校建设中的18本校本教材现均已结稿付梓，即将与同行和同学们见面。

本系列教材力求以职业能力培养为主线，以工作过程为导向，以典型工作任务和生产项目为载体，对接行业企业一线的岗位要求与职业标准，用新知识、新技术、新工艺、新方法，来增强教材的实效性。同时还考虑到学生的起点水平，从学生就业够用、创业适用的角度，使知识点及其难度既与学生当前的文化基础相适应，也更利于学生的能力培养、职业素养形成和职业生涯发展。

本套校本教材的正式出版，是学校不断深化人才培养模式和课程体系改革的结果，更是国家示范校建设的一项重要成果。本套校本教材是我们多年来按农时季节、工作程流、工作程序开展教学活动的一次理性升华，也是借鉴国内外职教经验的一次探索，这里面凝聚了各位编审人员的大量心血与智慧。希望该系列校本教材的出版能够补充国家规划教材，有利于学校课程体系建设和提高教学质量，能为全国农业中职学校的教材建设起到积极的引领和示范作用。当然，本系列校本教材涉及的专业较多，编者对现代职教理念的理解不一，难免存在各种各样的问题，希望得到专家的斧正和同行的指点，以便我们改进。

该系列校本教材的正式出版得到了蒋锦标、刘瑞军、苏允平等职教专家的悉心指导，同时，也得到了中国农业大学出版社以及相关行业企业专家和有关兄弟院校的大力支持，在此一并表示感谢！

教材编写委员会

2015 年 8 月

前言

随着教学改革的不断深入，为了突出职业能力培养的特点，培养学生成为具有专业知识和实际能力的应用型人才，使学生掌握电气系统常见故障的诊断与排除方法，能够自己动手对农机的某种电器或整个总成进行检查、测量和维修，并更好地完成“农机电气故障诊断与维修”课程的教学任务，本书配套编写其实训指导。

为适应职业教育的特点，本教材具有以下特色：

1. 以农机行业关键操作岗位和技术管理岗位的岗位能力要求为核心，为毕业生在其职业生涯中能顺利进入农业生产行业奠定良好的基础。

2. 本教材在组织编写过程中，注重理论联系生产实践，注重实训内容的整体性和完整性，结合教材指导学生如何观察农机电气的故障现象、故障检测及故障排除等几个方面的内容。

3. 本实训指导按照教学和学生认知的规律，根据《农机电气故障诊断与维修》教材编写了七个实训项目，尽量做到可操作性强，通俗易懂，图文并茂，切实落实“管用、够用、适用”的教学指导思想。

由于编者水平有限，对一些问题的理解和处理难免有不当之处，欢迎使用本教材的师生和读者提出宝贵的意见。

目录

项目一　农机电气设备总体认识

项目说明

本教学项目属于基础知识技能训练模块，主要是掌握农机电气设备组成及其特点；学会使用农机电气设备维修中常用的仪表和工具；掌握农机电气故障诊断的几种方法，并能正确指认农机电气设备在农业机械上的位置，为后续课程打好基础。技能训练时以校内实训室和实训基地为依托，理实结合，教学做一体化。结合多媒体教学、实验观察和课程网站引导学生自主学习，并通过布置综合性思考题的方式，巩固学生的基础知识和基本技能。

基本知识

农机电器与电子控制系统一般统称为农机电气设备，是农机的重要组成部分，作用是实现发动机启动，车辆照明，发出示警信号，检测发动机工况和车辆的运行状况等，直接影响农机的动力性、经济性、可靠性、安全性、舒适性和排气的净化。

一、农机电气设备的组成

农机电气设备按其用途可大致划分为以下几部分：

1. 电源电路

电源包括蓄电池、硅整流发电机及调节器。硅整流发电机是主电源，蓄电池是辅助电源，两者并联工作，调节器调节发电机的电压使之保持稳定。

电源电路是用来向用电设备供电，并将多余的电能储存起来的电路。农机上用电设备的电能来自车载发电机与蓄电池。农机发动机在熄火状态或低速运转时，发电机的端电压低于蓄电池电压，用电设备的电能由蓄电池供给，当发电机中速以上运转时，由于发电机端电压高于蓄电池电压，发电机的输出电流在供给用电设备的同时，剩余部分向蓄电池充电。为了在发电机转速变化时维持发电机发出的端电压相对稳定，发电机均需要附带调压器。在电源电路中，发电机和蓄电池是并联的，电流表和发电机是同极性连接，而与蓄电池是并联的，发电机向用电设备供电不经过电流表，而蓄电池向用电设备供电需经过电流表。电源开关应能切断由蓄电池通往调节器和用电设备的回路。

发电机、调压器、蓄电池、电流表的线路连接要注意对号入座。例如调压器上的电枢、搭铁、磁场接线柱必须与发电机的相应接线柱连接。由于电流表可以反映蓄电池的工作状态（充电或放电）与工作强度（电流大小），因此在接线时一定要串联在发电机与蓄电池的电路中，而且用电设备（除电启动机、电喇叭外）的电能均由电流表连接发电机端的接线柱输出，这点是分析农机电路的基础，也是配线或查线的起止点。电源电路根据其功能可分为充电电路、励磁电路和充电指示电路。

（1）充电电路　新疆-2 型联合收割机的充电电路为发电机“＋”→熔断器→“＋”电流表“－”→熔断器→“＋”蓄电池“－”→搭铁；北京-2.5 型联合收割机充电电路为发电机“＋”→“＋”电流表“－”→电源开关→“＋”蓄电池“－”→搭铁。由于发电机与蓄电池间都串有电流表，电流表指针向“＋”方向摆动，表示充电，其数值大小表示充电电流大小；指针向“－”方向摆动则表示放电，即用电设备在用电。

（2）励磁电路　新疆-2 型联合收割机励磁电路的工作过程是发动机启动前，将钥匙插入启动开关，并拧到 D、Y、Q 其中任意一个位置，励磁电路都将接通。其回路为蓄电池→熔断器→电流表→启动开关→熔断器→“＋”调节器“磁场”→发电机内部励磁绕组→搭铁；当发动机启动后，发电机正常发电时，励磁绕组由发电机供电，其回路为发电机“＋”→熔断器→启动开关→熔断器→“＋”调节器“磁场”→发电机→搭铁。

由于励磁回路中串联有调节器，当发电机电压高于某一调定值时，调节器起作用，使回路中电阻值增大，电流减小，励磁减弱，发电机电压就不再升高。

（3）充电指示电路　大多数联合收割机采用电流表指示充电情况，但也有采用指示灯显示充电与否的，如 JL 1065/1075 型联合收割机充电指示电路是发电机的两接线柱间跨接充电指示灯，灯亮表示未充电即用电状态，灯不亮时为充电状态。

2. 用电设备

（1）启动系统　启动系统将储存在蓄电池内的电能变成机械能，要实现这种转换，必须使用启动机。启动机的作用是由直流电动机产生动力，经传动机构带动发动机曲轴转动，从而实现发动机的启动。一般包括主电路、控制电路、预热电路等。主要由蓄电池、启动电动机、启动继电器、电源开关、预热启动开关、预热器、总熔断丝、电流表、点火开关（启动开关）等组成。

启动主电路是指蓄电池通往启动机的电路。该电路通过电流大，要求使用截面积大的多股粗铜线连接，并要连接牢固和接触良好。

启动控制电路是指控制主电路接通或断开的电路。新疆-2 型、丰收-30 型联合收割机启动电动机受启动继电器触动直接控制，而启动继电器线圈又受启动开关的控制。采用启动继电器控制启动机的电池开关，可以保护启动开关。启动时电路电流较大，用启动开关直接控制容易使内部触头烧蚀，影响开关使用寿命；装设启动继电器后，可使通往启动继电器线圈的小电流流经启动开关，而通往启动电磁开关的较大电流通过启动继电器的白金触头，起到有效保护启动开关的作用。

预热电路是指蓄电池通往发电机进气管预热器的电路，由启动开关控制。

(2)照明及信号电路　照明设备包括机车内、外各种照明灯，主要用来提供车辆夜间和能见度较低的阴雨、重雾天气行车的照明。

信号装置：包括电喇叭、闪光灯、蜂鸣器、转向制动信号灯等，主要用来提供安全行车所必需的信号。

在照明及信号装置电路中，同时使用的灯应接在同一开关的同一挡位上，如前小灯、后小灯、仪表灯同时使用；交替使用的灯光应接在同一开关的不同挡位上，如前照灯的远、近光和左、右转向灯。同发电机一起工作的只需经电源开关，如水温表、油温表、机油压力表等，各仪表与相应的传感器采用串联连接，其相线经开关接在电源上。

为了保证行驶安全，农机上必须装有信号装置，用以警告行人或其他车辆，该类装置有喇叭、转向指示灯和刹车指示灯。电喇叭由于耗电较大，为保护按钮触点，一般装有喇叭继电器。由于转向信号灯和刹车灯只要行车就需使用，因此它们不受照明总开关的控制，一般经熔断器直通电源。

(3)辅助装置电路　为了保证车辆行驶的安全，改善驾驶员的劳动条件和乘坐的舒适性，农机上往往装置各种不同的辅助装置。例如检修用的工作灯插座、电动刮雨器、电风扇等。为了保护电器线路，某些农机上还装有各种保险装置或自动报警装置。

3. 监视及故障报警电路

目前部分国产大中型联合收割机已开始使用工作监视和故障报警装置。如东风 4LZ-5 型收割机上装置了柴油机曲轴和脱粒滚筒转速监视仪表，粮箱满仓报警和灯光显示，籽粒、杂余推运器和抖动板摆轴灯故障报警装置。JL 1065/1075 型联合收割机工作监视和故障报警系统比较完善，例如当发动机机油压力偏低、驻车制动失灵、挂挡困难(或挂不上挡)、空气滤清器堵塞、切碎器堵塞等故障出现时，相应的指示灯和蜂鸣器会同时报警；而离合器及制动器油量过少时，相应的指示灯亮；发动机水温过高时，蜂鸣器报警。

二、农机电气系统的保养

(1)裸露在外的导线和仪器仪表,经常在泥水、灰尘、高温和振动等状态下工作的电器,为防止污染腐蚀和损伤,每天收工后应尽量清除尘土和污垢。

(2)将导线扎成束整齐地固定起来,用保护套保护,以防止运动摩擦而造成断路或短路。经常检查导线连接的焊接点、接线柱、固定螺钉等,看连接是否可靠有效。

(3)更换导线、熔丝及电器设备时,应与原来的型号、规格相同,不能使用不同型号、规格的产品代替。

(4)启动发动机时,启动机每次启动时间不应超过 5~10 s,第二次启动应间隔 2~3 min 及以上,连续 3 次启动不成功,应查明原因,排除故障后再启动。

(5)收割机作业中途停歇及下班后,应对电气系统采用“看、听、摸、嗅”四字法检查:看一看连接导线固定是否牢固,外表有无其他机件挤压、摩擦及损坏的现象,工作时有无冒烟等;听一听工作时的声音是否正常,有无异常的杂音等;摸一摸各电器设备工作时温度是否过高,固定连接的地方是否牢固,有无摩擦松动等;嗅一嗅电气设备有无烧焦味等。

(6)作业中一旦发生电气故障,要立即停机检查,应遵循“由简到繁、先易后难、由表及里、分段查找”的原则,防止盲目大拆大卸。

实训准备

1. 设备及工具准备

农机电气设备维修中常用仪表、工具,农机实物两台、联合收割机实物两台、整车布置图(多媒体图片与动画)。

2. 学生准备

(1)学前预习本节实训内容,了解本节的准备知识。

(2)根据学生的人数,分成四组,确定每组的小组长。

(3)集队点名,教师检查学生穿着工作服情况。

(4)教师集中讲解安全操作规程。

任务1　农机电气故障诊断方法

1. 故障诊断流程

(1)观察和调查故障现象:电气故障现象是多种多样的,例如同一类故障可能有不同的故障现象,不同类故障可能有同种故障现象。这种故障现象的同一性和多样性,给查找故障带来复杂性。但是,故障现象是检修电气故障的基本依据,是电气故障检修的起点,因而要对故障现象进行仔细观察、分析,找出故障现象中最主要的、最典型的方面,搞清故障发生的时间、地点、环境等。

(2)分析故障原因——初步确定故障范围、缩小故障部位:根据故障现象分析故障原因是电气故障检修的关键。分析的基础是电工电子基本理论,是对电气设备的构造、原理、性能的充分理解,是电工电子基本理论与故障实际的结合。某一电气故障产生的原因可能很多,重要的是在众多原因中找出最主要的原因。

(3)确定故障的部位——判断故障点:维修人员分析电路原理图,弄清电路的工作原理,对故障所在的范围做出推断。确定故障部位是电气故障诊断的最终结果。确定故障部位可理解成确定设备的故障点,如短路点、损坏的元器件等;也可理解成确定某些运行参数的变异,如电压波动、三相不平衡等。确定故障部位是在对故障现象进行周密的考察和细致分析的基础上进行的。在这一过程中,往往要采用下面将要介绍的多种手段和方法。

(4)线路检查和更换、修理,这两步是密切相关的,线路检查可以采用与确定故障部位相似的方法进行,首先找出有故障的组件或可更换的元件,然后进行有效的修理。

(5)修理后性能检查,修理完成后,维修人员应进一步地检查,以证实故障确实已排除,设备能够运行良好。

(6)填写维修记录,向机械操作者说明故障情况及注意事项。

2. 常用检修方法

排除电路故障的过程实质上就是查线的过程。在清楚基本结构和原理的前提下,应熟练地掌握和灵活运用检修的基本方法,这样才能准确迅速地找出故障点或损坏的电器部件。具体方法如下:

(1)观察法　通过人的感觉器官,利用看、问、听、摸、闻等宏观判断手段查清故障位置和故障性质。再通过分析判断,弄清故障部位,进行检修工作。

(2)搭铁试火法　用导线或其他导体做短路搭铁试火实验。可分为直接搭铁和间接搭铁两种。所谓直接搭铁，是未经过负载而直接搭铁试火，看是否产生强烈的火花。间接搭铁是通过某一负载而搭铁试火，看是否产生微弱的火花或无火，来判断线路或负载是否有故障。如图 1-1 所示，试火顺序可由前而后或由后而前，均可找到断路所在。图中 1、2、3 处试火位置有火，4 的位置无火，则说明断路在 3 和 4 之间，同理可找出其他线路的断路故障。用搭铁试火法检查断路时，请注意：试火用的导线要细，试火要快，否则，容易因电流过大烧坏熔丝。

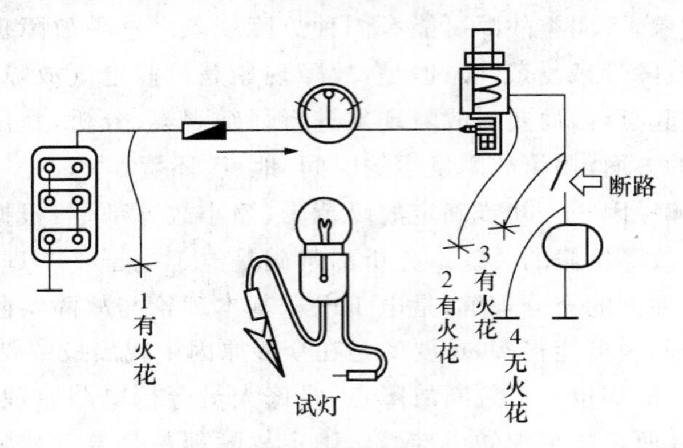

图 1-1 搭铁试火法

(3)断路法　当电气系统发生搭铁短路故障时，将电路断路，故障消失，说明此处电路故障。

(4)替换法　将被怀疑部件用已知完好的部件替换，验证怀疑是否正确。

(5)试灯法　用一个车用灯泡作试灯，检查电器或电路有无故障的方法。此方法特别适合不允许直接短路或带有电子元器件的电器。其测试灯有带电源测试灯和不带电源测试灯两种。对带电源测试灯，常用于模拟脉冲触发信号等；不带电源测试灯，常用来检查电器和电路有无断路或短路故障。用测试灯来检查硅整流发电机是否发电是比较安全和实用的一种方法。

(6)短路法　用一根导线将某段导线或某一电器短接后观察用电器的变化。例如，当打开转向开关时，转向指示灯不亮，可用跨接线短路转向闪光器，若转向灯亮，则说明闪光器已坏。

(7)保险法　通过检查车上的电路中的保险器是否断开或保险丝是否熔断，来判断故障。

(8)万用表测试法　用万用表来检查和判断电器或电路故障的方法。

(9)仪表法　利用车上的仪表指针走动的情况，判断故障。特别是电流表接在整个电气系统的公共电路上，利用它可直接判断仪表电路、灯光电路、点火电路的故障。

在具体实施时一定要遵循下列原则:对于任何故障,首先要认真仔细地观察故障现象,然后由近及远,由易到难,从最容易发生问题的地方着手逐步往不容易发生问题的地方检查,直到故障得到排除。

3. 检修注意事项

(1)拆卸蓄电池时,应该最先拆下负极“－”电缆;装上蓄电池时,应该最后连接负极“－”电缆。拆下或装上蓄电池电缆时,应确保点火开关或其他开关都已断开,否则容易导致半导体器件的损坏。

(2)不允许使用电阻表及万用表的 R×100 以下低阻欧姆挡检测小功率晶体管,以免电流过载损坏元器件。更换晶体管时,应首先接入基极,拆卸时,则应最后拆卸基极。对于金属氧化物半导体管(MOS 管),则应当心静电击穿,焊接时,应从电源上拔下烙铁插头或可靠接地。

(3)拆卸和安装元器件时,应切断电源。如无特殊说明,元器件引脚距焊点应在 10 mm 以上,以免烫坏元器件,且宜使用恒温或功率小于 75 W 的电烙铁。

(4)更换烧坏的熔断器时,应使用相同规格的熔断器。使用比规格容量大的熔断器可能会导致电器损坏或产生火灾。

(5)靠近振动部件(如发动机)的线束部分用卡子固定,将松弛部分拉紧,以免由于振动造成线束与其他部件接触。

(6)不要粗暴地对待器件,也不能随意乱扔。无论好坏,都应轻拿轻放。

(7)与尖锐边缘磨碰的线束部分应用胶带缠起来,以免损坏。安装固定零件时,应确保导线不要被夹住或被破坏。安装时,应确保接插头接插牢固。

(8)进行保养或维修时,若工作温度超过 80℃(如进行焊接时),应先拆下对温度敏感的零部件(如继电器和传感器等)。

此外,现代农业机械的许多电子电路,出于性能要求和技术保护等多种原因,往往采用不可拆卸的封装方式,如厚膜封装调节器、固封电子电路等,当电路故障可能涉及其内部时,则往往难以判断。在这种情况下,一般先从其外围逐一检查排除,最后确定其是否损坏。有些进口机械上的电子电路,虽然可拆卸,但往往缺少同型号元器件代替,这就涉及用国产元器件或其他进口元器件的可行性问题,需要认真研究,切忌盲目代用。

4. 修复后的注意事项

当找出电气设备的故障点后,就要着手进行修复、试车、记录等,然后交付使用,但故障修复后还必须注意以下事项:

(1)在找出故障点和修复故障时,应注意不能把找出故障点作为寻找故障的终点，还必须进一步分析，查明产生故障的根本原因。

(2)找出故障点后，一定要针对不同故障情况和部位相应采取正确的修复方法，不要轻易采用更换电气元件和导线等方法，更不允许轻易改动线路或更换规格。

(3)在故障修理工作中，一般情况下应尽量做到复原。但是有时为了尽快恢复机械的正常运行，根据实际情况也允许采取一些适当的应急措施，但绝不可凑合行事，而且一旦机械空闲必须复原。

(4)电气故障修复完毕，需要通电试运行时，应和操作者密切配合，避免出现新的故障。

(5)每次排除故障后，应及时总结经验，并做好维修记录。记录的内容包括农业机械的型号、名称、编号，故障发生的日期，故障现象、部位，损坏的电器，故障原因，修复措施及修复后的运行情况等。记录作为档案以备日后维修时参考，并通过对历次故障的分析，采取相应的有效措施，防止类似事故的再次发生或对电气设备本身的设计提出改进意见等。

任务2　电气系统的常见故障

农业机械电气系统故障多由于电路中出现断路、短路、漏电、接触不良等引起，因此一般采用简便方法即可迅速查出故障所在部位并及时排除。常用的方法如下：

1. 短路、搭铁故障

当局部短路时，负载因短路而失效，这条负载线路的电阻很小，而产生极大的短路电流，导致电源过载，导线绝缘烧坏，严重时还会引起火灾。

故障现象：熔丝熔断，用电设备不能工作。

故障原因：导线绝缘破坏，并相互接触，造成电源“+”“-”极的直接接通；电路中不经过负载直接接通或绝缘导线搭铁等；开关、接线盒、灯座等外接线螺钉松脱，造成与线头相碰；接线时不慎，使两线头相碰；导线接头碰触金属部分等。

故障检查：

(1)直接观察法　电器设备发生短路故障时，由于发热，有时会出现冒烟、火花、焦臭、发烫等异常现象。这些现象可通过人体的眼、鼻、耳等感官感觉到，从而可以直接判断电器设备的故障部位和原因。

(2)观察机械上的电流表　凡用电设备通过电流表，电流表指示的电流值就可作为判断依据。若接通用电设备后，电流表迅速由“0”摆到满刻度处，表明电路中某处短路。

(3)断路试验法　将怀疑有短路故障的那段电路断开，以判断断开的那段电路是否短路。例如，若电路中某处有短路就会使该电路中的熔断器熔丝熔断，这时可先用一只车灯做试灯，试灯两端引线跨接于断开的熔断器两端的接线柱上，此时试灯应亮；然后再将怀疑有短路或搭铁故障的电路断开，若试灯不亮，表明该段电路短路；再逐段对其余相关电路做断路试验。

(4)万用表检测法　测量电气部件中线圈或绕组的电阻值，判断其有无短路现象。万用表检测是检测电路或元器件较为准确迅速的一种方法。

2. 断路故障

电源到负载电路中的某一点中断，电流不通。如果以相线的一端为前，搭铁的一端为后，则线路断点以前仍有电，可以和机体搭铁组成回路；而断点之后没有电。

故障现象：照明灯不亮，电动机停转，用电设备不工作等。

故障原因：导线折断，导线连接段松脱，接触不良等。

故障检查：

(1)观察电流表　当工作电压一定时，接通用电设备后，电流表指示“0”或所指的放电电流值小于正常值，表明用电设备电路的某处断路或导线接触不良。

(2)短路试验法　用螺钉旋具或导线将某段电路或某一电器短接，观察电流表或电器的反应，以判定断路故障的发生部位。通常用一根导线的一端接用电设备的相线，另一端通过与各点相接触之后，根据用电设备的反应来判定故障部位。

(3)搭铁试火法　将一根导线的一端与用电设备相线搭接，另一端与机体试火。顺序试火即可找出断路所在，同时也可试验其他线路的有火或无火来决定断路位置。

(4)万用表检测法　用万用表取代搭铁试火导线测量各点直流电压，如果电压为正值或负值，说明该测试点至搭铁间的电路为断路。另外，通过万用表对电路或元器件的各项参数进行测试，并与正常技术状态的参数对比，来判断故障部位所在。

(5)试灯法　可用试灯的一端和交流发电机的“电枢”接线柱连接，另一端接搭铁。如果灯不亮说明蓄电池搭铁端至交流发电机“电枢”接线柱间有断路故障存在；若灯亮，说明该段电路良好。

3. 电气检修室安全操作规程

(1)学生必须在老师带领下有秩序地进入实操场地，不得擅自进入；实操时一定要衣冠整齐，袖领必须扣好，严禁穿拖鞋。

(2)要清楚实操室灭火器的摆放位置以及使用方法。

(3)实操时,严格按实操老师要求去做,不能操作老师规定之外的项目。

(4)使用工量具、检测仪器前,应认真掌握工量具、检测仪器的使用方法和注意事项。

(5)使用检测仪器时,应按照要求正确接线,以免损坏设备;操作时要按实操要求去操作仪器面板上的开关(或按钮),与本次实操无关的仪器设备不得乱动。

(6)清洗用油、润滑油脂及废油脂,必须指定地点存放。废油、废棉纱不准随地乱丢。

(7)工作环境应干燥整洁,不得堵塞通道。

(8)多人操作的工作台,中间应设防护网,对面方向操作时应错开。

(9)在进行电气检修操作时,必须在老师的指导下进行,避免违规操作。

(10)熟悉充电机的使用方法,正确使用充电机。充电机中通强电的连接导线应有良好的绝缘外套,芯线不得外露;使用充电机前,正、负极必须连接正确,避免连接错误烧毁设备。

(11)在进行带电操作时,必要严格按照老师的指导进行操作,避免出现短路故障,烧毁线路或设备。

(12)在出现意外情况时,应沉着冷静,第一时间进行断电操作,避免事故进一步扩大。

(13)在进行强电或具有一定危险性的操作时,应有两个人合作,在接通交流220 V电源前,应通知合作者。

(14)万一发生触电事故时,应立即切断电源,如距电源较远,可用绝缘器具切断电源线,使触电者立即脱离电源,并采取必要的急救措施。

(15)搬动仪器设备,必须轻拿轻放,未经允许不得随意调换仪器设备,更不能擅自拆卸仪器设备。

(16)实操过程中,精神必须集中,当闻到焦臭味,见到冒烟和火花,听到“噼啪”响,感到设备过热或出现保险丝熔断等异常现象,应立即停机并切断电源,在故障未排除前不得再次启动。

(17)切实注意安全,发生意外事故要及时报告。若因违反操作规程发生事故,损伤自己或他人,由违章者负主要责任。

(18)操作完毕后,必须保养维护设备,清洁场地,交回工具,经老师检查,同意后才能离开工场,而且不准带走任何属于工场的财物,一经发现,作盗窃论处。

项目考核

1. 考核内容

在实车上分别对照实物介绍电源系统、启动系统、照明系统、信号系统、舒适系统等组成元件与安装位置。

2. 考核方法

根据实训项目活动评价表赋分。

实训项目活动评价表

序号	技能要求	配分	等级	评分细则	评分记录
1	正确指认各电气系统	20	20	指认正确、名词规范	
			15	指认及名称有1处错误，能独立纠正	
			10	指认及名称有2处错误，能独立纠正	
			0	指认及名称错误，不能独立纠正	
2	电源系统组成部件认识	20	20	指认正确、名词规范	
			15	指认及名称有1处错误，能独立纠正	
			10	指认及名称有2处错误，能独立纠正	
			0	指认及名称错误，不能独立纠正	
3	启动系统组成部件认识	20	20	指认正确、名词规范	
			15	指认及名称有1处错误，能独立纠正	
			10	指认及名称有2处错误，能独立纠正	
			0	指认及名称错误，不能独立纠正	
4	照明、信号、仪表、报警系统部件认识	20	20	指认正确、名词规范	
			15	指认及名称有1处错误，能独立纠正	
			10	指认及名称有2处错误，能独立纠正	
			0	指认及名称错误，不能独立纠正	
5	安全规程执行情况	20	20	安全文明生产，完全符合操作规程	
			15	安全文明生产，基本符合操作规程	
			0	操作过程中损坏元件	

3. 考核评分标准

(1)正确熟练　赋分为满分的90%～100%。

(2)正确不熟练　赋分为满分的80%～90%。

(3)在指导下完成　赋分为满分的70%～80%。

(4)不能完成　赋分为满分的70%以下。

综合性思考题

一、选择题

1. 下列辅助绝缘安全用具中，不属于低压设备的辅助绝缘安全用具的是(　　)。

A. 绝缘手套　　B. 绝缘鞋　　C. 绝缘垫　　D. 绝缘台

2. “止步、高压危险!”的标示牌应悬挂在(　　)。

A. 一经合闸即可送电到施工设备的开关和刀闸操作手柄上

B. 工作人员上下的通道上

C. 室内和室外工作地点或施工设备上

D. 工作地点临近带电设备的遮拦上

3. 下列关于使用移动式设备或手提式工具注意事项的说法中，不正确的是(　　)。

A. 工具在接电源时，应首先按工具的铭牌所标出的电压、相数去接电源

B. 工具在接通电源时，首先进行验电，在确定工具外壳不带电时，方可使用

C. 若工具的防护装置良好，使用时无须配戴护目镜、防护衣、手套等防护用品

D. 工具的软电缆或软线不宜过长，电源开关应设在明显处，且周围无杂物

4. 触电伤员呼吸和心跳均停止时，应立即按心肺复苏法支持生命，下列不属于心肺复苏法的是(　　)。

A. 通畅气道　　B. 口对口人工呼吸

C. 胸外按压　　D. 输液抢救

5. 在扑灭电气火灾的过程中，为了防止触电，下列注意事项中，正确的是(　　)。

A. 带电灭火可以采用泡沫灭火器、干粉灭火器、二氧化碳灭火器和1211灭火器

B. 用水枪带电灭火时，宜采用喷雾水枪，水枪喷嘴应接地，并保持足够的安全距离

C. 对架空线路等空中设备灭火时，人与带电体之间的仰角不应小于45°

D. 救火时应尽量靠近着火设备，才能有效扑灭火源

6. 电气设备的功用是用来启动发动机，行驶时(　　)和用电，检测仪表监测工作状态以及夜间作业时提供照明。

A. 提供信号　　B. 提供照明

C. 提供动力　　D. 提供照明和动力

二、简答题

1. 农机电气设备的组成是什么？

2. 农机电气故障的常用诊断方法有哪些？

3. 简述农机电气常见故障及相应的检查方法。

项目二　电路图的识读

项目说明

本教学项目属于基础知识技能训练模块，主要是掌握电路图的识读；熟悉常用电气的结构及功用；熟悉常用电气的选用方法，为后续课程打好基础。技能训练时以校内实训室和实训基地为依托，理实结合，教学做一体化。结合多媒体教学、实验观察和课程网站引导学生自主学习，并通过布置综合性思考题的方式，巩固学生的基础知识和基本技能。

基本知识

一、识图规范

1. 农机电气线路特点

(1)采用直流、低压。现代农机上普遍采用的是 12 V 或 24 V 两种。机械的发动机为单缸的，一般采用 12 V，机械的发动机为两缸及以上多采用 24 V。

(2)采用单线制。农用机械的电气设备用一根导线连接电源，称为相线。另一根由机械机体来代替，称为搭铁线。同一台农用机械的所有电气设备的搭铁极性是一致的，都采用负极搭铁。

(3)电源设备的蓄电池、发电机与用电设备之间采用并联连接。

(4)电流表、开关、熔丝与各用电设备之间采用串联连接，当关闭某开关或某处熔丝熔断时，该回路即断开。

(5)一个完整的电路由几条相对独立的分支电路组成，主要包括电源电路、用电电路和其他电路。

(6)用蓄电池供电时，如用电设备所耗用电流在电流表量程内，则均通过电流表；如耗电电流大于电流表量程，则不经过电流表，而直接与蓄电池相连，例如启动电动机。

2. 识图方法

(1)看懂电路图

①了解电路图的特点:农业机械的电路图一般是根据各电气元件在机械上的安装位置展开到平面上绘制的,图中所示各电气元件与实际安装位置基本相符。

②熟悉电路图中的图形和符号等。

③查看电路图中的顺序应为电源、开关、熔丝和用电设备。电源开关是电源通往各用电设备的总开关,查看时,应先看电源开关与电源的连接,然后再看电源开关与各用电线路开关的连接。电源开关与各用电线路开关的连接,有的直接与用电设备开关连接,有的先接熔丝,然后再接用电设备开关。

(2)将电路图与机械上的实际电路联系起来

①先将电路图中的用电设备在农业机械上的安装位置搞清楚。

②把每条用电线路的连接导线理清。由于农业机械上的连接导线扎成线束,不能一根根看清,所以在机械上查线时,要分清线束的各抽头与什么电气元件相接。一般线束中各导线抽头长度恰好可接在各电气元件的接线柱上或稍长些,为了标明线束两端哪两个线头属于同一导线,有的用导线外皮颜色或套装线号来区别。

(3)熟悉仪表板内的接线　各用电线路中的开关和仪表一般都集中安装在驾驶室的仪表板上,因此熟悉仪表板内的接线是掌握农业机械电气线路的关键。

(4)熟悉电路中的"图注"　电路图中的"图注"是指电路图下方标识电气设备名称的文字说明。通过熟悉图注,可以了解整机装配了哪些电气设备,各电气设备的名称及基本性能。电气设备在图注中以及电路图上均以相同的数字标注。看图时,可以在图注中找到要查的电气设备名称,然后根据所标的数字在电路图中找到该电气设备。也可以反过来,先在电路图中找到要查的电气设备,然后根据所标的数字在图注中找到电气设备的名称。在这个基础上,再进一步理出电气设备之间相互连线及控制关系。

(5)记住回路原则　回路是指电流从一个电源正极出发,经过用电设备以后,再回到同一电源的负极。任何一条完整的电路都是由电源、开关、熔丝、用电设备以及导线等组成。电流的流向必须从电源的正极出发,经过熔丝、开关、导线到达用电设备,再经过搭铁回到电源的负极,才能构成回路。

(6)对照电路图和实物　熟悉电路就是搞清楚每条负载线路是怎样和电源相线连接的、电源电路是怎样引出相线的,因此对照电路图和实物就能方便地熟悉电路。

二、常用电气元件

1. 启动开关

启动开关是电路中最重要的开关，是各条电路分支的控制枢纽，是多挡多接线柱组合开关。其主要功能是锁住转向盘转轴、接通点火仪表指示、启动、附件挡（主要是收放机专用）、预热挡。其中启动、预热挡因为工作电流很大，开关不易接通持久，所以这两挡在操作时必须用手克服弹簧力，扳住钥匙，一松手就弹回点火挡，不能自行定位，其他挡均可自行定位。启动开关有四个位置，如图 2-1 所示。

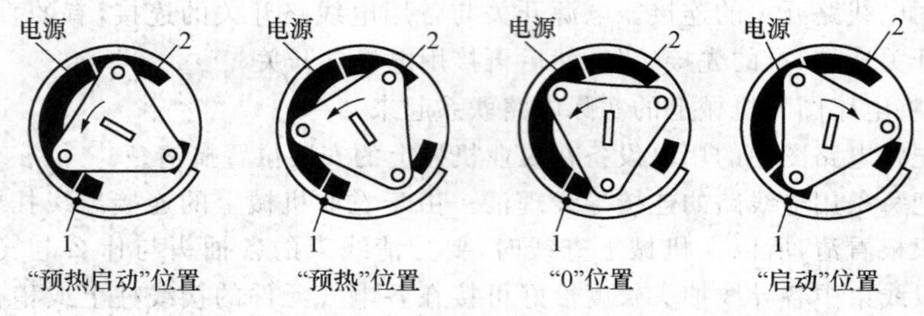

图 2-1 启动开关的位置

启动开关背面有三个接线柱，"1"接启动机的电磁开关，"2"接预热器，"电源"连接电源开关。开关手柄在"0"位置时，电磁开关电路和预热器电路均不同。当需要启动时，顺时针扭到"启动"位置，电磁开关电路被接通；需要预热时，逆时针转到"预热"位置，先接通预热电路，使柴油机预热 15 s，然后再转到"预热启动"位置，预热器和电动机同时工作。

2. 火焰预热器

环境温度对电动机系统的性能影响较大，例如低温下，启动输出电流大幅度下降，使启动机输出功率跟随下降；燃油黏度增大，致使喷射雾化不良；混合气体达不到点火燃烧的温度；发动机的机油黏度大，使得启动阻力增大。为了使柴油机启动迅速，有的农业机械在进气管道上装有电火焰预热器，目前以 201 型电火焰预热器应用最广。火焰预热器主要由空心杆、球阀杆、球阀和电阻丝组成，其结构如图 2-2 所示。

球阀杆的一端顶在球阀上，另一端通过螺钉与空心杆连接，转动可以调整球阀的压缩力。当电路接通后，空心杆在电阻丝的烘烤下，受热伸长带动球阀杆移动，球阀打通油道。柴油流入空心杆，流在电阻丝上，被点燃形成火焰。进入进气管的空气被加热后进入气缸，柴油机易于启动。切断电路后，空心杆因温度下降而收缩，带动球阀杆将球阀顶回阀座，堵住油道。这种预热器每次使用时间不应超过

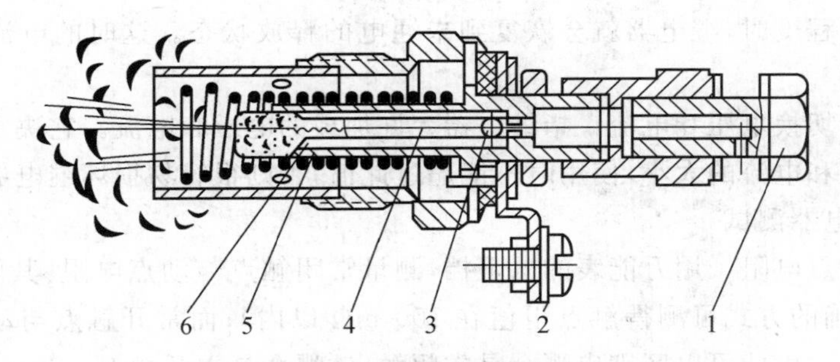

图 2-2　火焰预热器的结构

1. 进油管接头　2. 接线柱　3. 球阀　4. 球阀杆　5. 空心杆　6. 电阻丝

40 s。

3. 继电器

继电器是一种电子控制器件，具有控制系统（又称输入回路）和被控制系统（又称输出回路），通常应用于控制电路中。它实际上是用较小的电流去控制较大电流的一种“自动开关”。故在电路中起着自动调节、安全保护、转换电路等作用。

农机电气设备中使用的继电器一般为电磁继电器，电磁式继电器一般由铁芯、线圈、衔铁、触点簧片等组成。只要在线圈两端加上一定的电压，线圈中就会流过一定的电流，从而产生电磁效应。衔铁就会在电磁力的作用下克服返回弹簧的拉力，被吸向铁芯，从而带动衔铁的动触点与静触点（常开触点）吸合。当线圈断电后，电磁的吸引力也随之消失，衔铁就会在弹簧的反作用力下返回原来的位置，使动触点与原来的静触点（常闭触点）吸合。这样吸合、释放，从而达到在电路中的导通、切断的目的。对于继电器的“常开”“常闭”触点，可以这样来区分：继电器线圈未通电时处于断开状态的静触点，称为“常开触点”，处于接通状态的静触点称为“常闭触点”。

（1）继电器主要产品技术参数

①额定工作电压　指继电器正常工作时线圈所需要的电压。根据继电器的型号不同，可以是交流电压，也可以是直流电压。

②直流电阻　指继电器中线圈的直流电阻，可以通过万能表测量。

③吸合电流　指继电器能够产生吸合动作的最小电流。在正常使用时，给定的电流必须略大于吸合电流，这样继电器才能稳定地工作。而对于线圈所加的工作电压，一般不要超过额定工作电压的 1.5 倍，否则会产生较大的电流而把线圈烧毁。

④释放电流　指继电器产生释放动作的最大电流。当继电器吸合状态的电流

减小到一定程度时，继电器就会恢复到未通电的释放状态。这时的电流远远小于吸合电流。

⑤触点切换电压和电流　指继电器允许加载的电压和电流。它决定了继电器能控制电压和电流的大小，使用时不能超过此值，否则很容易损坏继电器的触点。

(2)继电器测试

①测触点电阻　用万能表的电阻挡，测量常闭触点与动点电阻，其阻值应为0(用更加精确的方式可测得触点阻值在100 mΩ以内)；而常开触点与动点的阻值就为无穷大。由此可以区别出哪个是常闭触点，哪个是常开触点。

②测线圈电阻　可用万能表R×10 Ω挡测量继电器线圈的阻值，从而判断该线圈是否存在开路现象。

③测量吸合电压和吸合电流　准备可调稳压电源和电流表，给继电器输入一组电压，且在供电回路中串联电流表进行监测。慢慢调高电源电压，听到继电器吸合声时，记下该吸合电压和吸合电流。为求准确，可以多试几次求平均值。

④测量释放电压和释放电流　同上述连接测试方法，当继电器发生吸合后，再逐渐降低供电电压，当听到继电器再次发出释放声音时，记下此时的电压和电流。亦可尝试多次取平均的释放电压和释放电流。一般情况下，继电器的释放电压为吸合电压的10%～50%，如果释放电压太小(小于1/10的吸合电压)，则不能正常使用，会对电路的稳定性造成威胁，工作不可靠。

(3)继电器的符号和触点形式　继电器线圈在电路中用一个长方框符号表示，如果继电器有两个线圈，就画两个并列的长方框。同时在长方框内或长方框旁标上继电器的文字符号“J”。继电器的触点有两种表示方法：一种是把它们直接画在长方框一侧，这种表示法较为直观；另一种是按照电路连接的需要，把各个触点分别画到各自的控制电路中，通常在同一继电器的触点与线圈旁分别标注上相同的文字符号，并将触点组编上号码，以示区别。继电器的触点有三种基本形式：

①动合型(H型)　线圈不通电时两触点是断开的，通电后两个触点就闭合。以“合”字的拼音字头“H”表示。

②动断型(D型)　线圈不通电时两触点是闭合的，通电后两个触点就断开。用“断”字的拼音字头“D”表示。

③转换型(Z型)　这是触点组型。这种触点组共有三个触点，即中间是动触点，上下各一个静触点。线圈不通电时，动触点和其中一个静触点断开和另一个闭合；线圈通电后，动触点就移动，使原来断开的成闭合，原来闭合的成断开状态，达到转换的目的。这样的触点组称为转换触点，用“转”字的拼音字头“Z”表示。

（4）继电器的选用

①了解必要的条件：a. 控制电路的电源电压，能提供的最大电流；b. 被控制电路中的电压和电流；c. 被控制电路需要几组、什么形式的触点。选用继电器时，一般控制电路的电源电压可作为选用的依据。控制电路应能给继电器提供足够的工作电流，否则继电器吸合是不稳定的。

②查阅有关资料确定使用条件后，可查找相关资料，找出需要的继电器的型号和规格号。若手头已有继电器，可依据资料核对是否可以利用。最后考虑尺寸是否合适。

③注意器具的容积。若是用于一般用电器，除考虑机箱容积外，小型继电器主要考虑电路板安装布局。对于小型电器，如玩具、遥控装置则应选用超小型继电器产品。

农机电气设备中的预热继电器、电喇叭继电器、雾灯继电器、中间继电器、风窗刮水器/清洗器继电器、危险报警与转向闪光继电器等。继电器通常分为常开（动合）、常闭（动断）和混合型（动合动断）继电器。其外观与内部结构如图 2-3 所示。

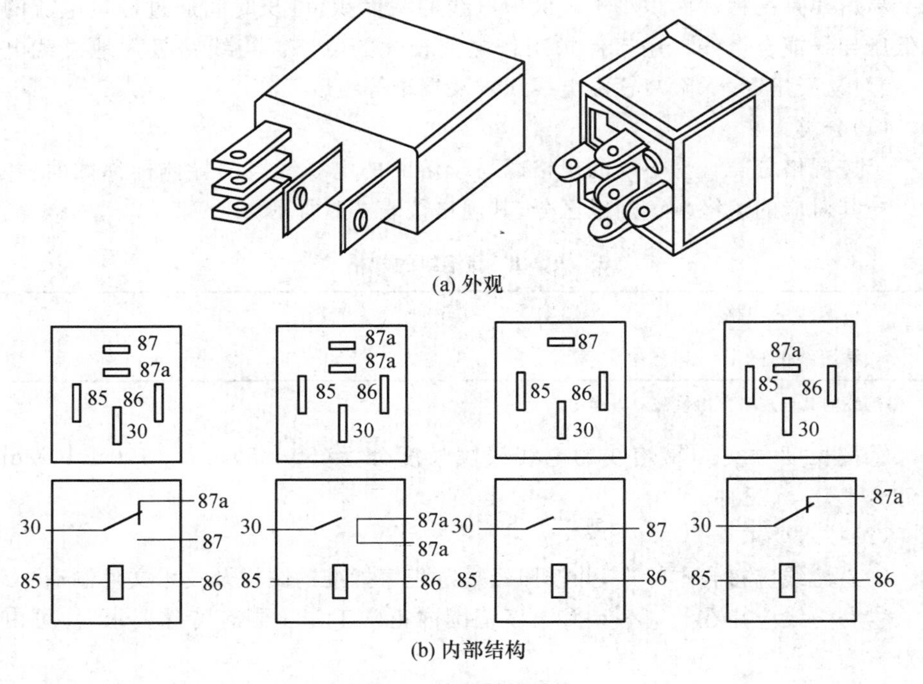

图 2-3　继电器的结构

继电器的每个插脚都有标号，与中央接线盒正面板的继电器插座的插孔标号相对应。

4. 熔断器(熔丝)

熔断器用于对局部电路进行保护,能长时间承受额定电流负载,但在超过额定负载25%的情况下,约3 min熔断,而在超过额定负载100%的情况下,则不到1 s即会熔断。结构一定时,流过熔断器电流越大,熔断时间越短。熔断器为一次性器件,使用须注意以下几点:

(1)熔断器熔断后,必须先查找故障原因并彻底排除后,再更换熔断器。

(2)更换熔断器时,一定要与原规格相同,特别不能使用比规定容量大的熔断器,否则将失去保护作用。

(3)熔断器的支架与熔断器接触不良会产生电压降和发热现象,因此特别要注意检查有无氧化现象和脏污。若有脏污和氧化物,须用细砂纸打磨光,使其接触良好。

5. 易熔线

易熔线是一种截面积小于被保护电线的截面积,可长时间通过额定电流的铜芯低压导线或合金线。用于保护工作电流较大的电路。当线路极大地过载电流时,相对易于熔断,保险装置由电线线段及端子等组成。

(1)分类

①按规格分类 易熔线的规格以易于熔断的电线线段的导体标称截面表示,并以与其对应的绝缘颜色加以区分,其规格按表2-1所示。

表2-1 易熔线的规格

易熔线的规格	0.3	0.5	0.75	1.0	1.5
易熔线的标记	紫	棕	红	蓝	黄

易熔线的其他规格可由供需双方确定。

②按长度分类 易熔线的电线线段长度分为(50±5)mm、(100±10)mm、(150±15)mm三种。

(2)技术要求

①易熔线应符合本标准,并按照经规定程序批准的图样及技术文件制造。

②易熔线应能在−25~70℃温度范围内正常工作。当有特殊要求时,可由供需双方商定。

③易熔线的电线线段应符合GB 9328中的有关规定。

④易熔线的绝缘,应使用氯磺化聚乙烯材料,其性能应符合GB 7594.10的要求,也可使用具有同等耐热性的材料,或使用专用的易熔线热缩管。

⑤易熔线绝缘厚度为 1.0～1.5 mm。

(3)易熔线的作用 用于保护总体线路或较重要的电路，例如保护充电电路、预热加热电路、雾灯、灯光及辅助电路。

6. 断路器

断路器能够关合、承载和开断正常回路条件下的电流，并能关合、在规定的时间内承载和开断异常回路条件下的电流。断路器一般由触头系统、灭弧系统、操作机构、脱扣器、外壳等构成。断路器按其使用范围分为高压断路器和低压断路器，高低压界线划分比较模糊，一般将 3 kV 以上的断路器称为高压电器。农业机械使用的断路器为低压断路器。

断路器又叫空气开关，它的作用是切断和接通负荷电路，以及切断故障电路，防止事故扩大，保证安全运行。在电器超载或非正常运行情况下，如果出现故障，断路器会自动断开开关，起到保护电器和线路的作用；另外断路器带有漏电保护装置，具有漏电保护的功能。

断路器可以用来分配电能，不频繁地启动异步电动机，对电源线路及电动机等实行保护，当它们发生严重的过载或者短路及欠压等故障时断路器能够自动切断电路。它的功能相当于熔断器式开关与过欠热继电器等的组合，而且在分断故障电流后一般不需要变更零部件。

断路器的工作原理是短路时大电流产生的磁场克服反力弹簧，脱扣器拉动操作机构动作，开关瞬时跳闸。当过载时，电流变大，发热量加剧，双金属片变形到一定程度推动机构动作，电流越大，动作时间越短。断路器有电子型的，使用互感器采集各相电流大小与设定值比较，当电流异常时微处理器发出信号，使电子脱扣器带动操作机构动作。

低压断路器的主触点是靠手动操作或电动合闸的。主触点闭合后，自由脱扣机构将主触点锁在合闸位置上。过电流脱扣器的线圈和热脱扣器的热元件与主电路串联，欠电压脱扣器的线圈和电源并联。当电路发生短路或严重过载时，过电流脱扣器的衔铁吸合，使自由脱扣机构动作，主触点断开主电路。当电路过载时，热脱扣器的热元件发热使双金属片上弯曲，推动自由脱扣机构动作。当电路欠电压时，欠电压脱扣器的衔铁释放，也使自由脱扣机构动作。分励脱扣器则作为远距离控制用，在正常工作时，其线圈是断电的，在需要距离控制时，按下启动按钮使线圈通电。

7. 多功能组合开关

多功能组合开关将照明开关(前照灯开关、变光开关)、信号(转向、危险警告、超车)开关、刮水器/清洗器等组合为一体，安装在便于驾驶员操纵的转向柱上。

实训准备

1. 集队点名，教师检查学生穿着工作服情况；
2. 教师集中讲解安全操作规程。

任务3 继电器的常见故障检修

1. 感测机构的检修

对于电磁式（电压、电流、中间）继电器，其感测机构即为电磁系统。电磁系统的故障主要集中在线圈及动、静铁芯部分。

（1）线圈故障检修 线圈故障通常有线圈绝缘损坏；受机械伤形成匝间短路或接地；由于电源电压过低，动、静铁芯接触不严密，使通过线圈电流过大，线圈发热以致烧毁。其修理时，应重绕线圈。如果线圈通电后衔铁不吸合，可能是线圈引出线连接处脱落使线圈断路，检查出脱落处后焊接上即可。

（2）铁芯故障检修 铁芯故障主要有通电后衔铁吸不上。这可能是由于线圈断线，动、静铁芯之间有异物，电源电压过低等造成的，应区别情况修理。通电后，衔铁噪声大。这可能是由于动、静铁芯接触面不平整或有油污染造成的。修理时，应取下线圈，锉平或磨平其接触面，如有油污应进行清洗。噪声大也可能是由于短路、环断裂引起的，修理或更换新的短路环即可。断电后，衔铁不能立即释放。这可能是由于动铁芯被卡住、铁芯气隙太小、弹簧劳损和铁芯接触面有油污等造成的。检修时应针对故障原因区别对待，或调整气隙使其保护在0.02～0.05 mm，或更换弹簧，或用汽油清洗油污。

对于热继电器，其感测机构是热元件。其常见故障是热元件烧坏或热元件误动作和不动作。

（1）热元件烧坏 这可能是由于负载侧发生短路或热元件动作频率太高造成的。检修时应更换热元件，重新调整整定值。

（2）热元件误动作 这可能是由于整定值太小，未过载就动作或使用场合有强烈的冲击及振动，使其动作机构松动脱扣而造成的。

（3）热元件不动作 这可能是由于整定值太小，使热元件失去过载保护功能所致。检修时应根据负载工作电流来调整整定电流。

2. 执行机构的检修

大多数继电器的执行机构都是触点系统。通过它的“通”与“断”，来完成一定的控制功能。触点系统的故障一般有触点过热、磨损、熔焊等。引起触点过热的主要原因是容量不够，触点压力不够，表面氧化或不清洁等；引起磨损加剧的主要原因是触点容量太小，电弧温度过高使触点金属氧化等；引起触点熔焊的主要原因是电弧温度过高或触点严重跳动等。触点的检修顺序如下：

①打开外盖，检查触点表面情况。

②如果触点表面氧化，对银触点可不作修理，对铜触点可用油光锉锉平或用小刀轻轻刮去其表面的氧化层。

③如果触点表面不清洁，可用汽油或四氯化碳清洗。

④如果触点表面有灼伤烧毛痕迹，对银触点可不必整修，对铜触点可用油光锉或小刀整修。不允许用砂布或砂纸来整修，以免残留砂粒，造成接触不良。

⑤触点如果熔焊，应更换触点。如果是因触点容量太小造成的，则应更换容量大一级的继电器。

⑥如果触点压力不够，应调整弹簧或更换弹簧来增大压力。若压力仍不够，则应更换触点。

3. 中间机构的检修

(1)对于空气式时间继电器，其中间机构主要是气囊，其常见故障是延时不准。这可能是由于气囊密封不严或漏气，使动作延时缩短甚至不延时；也可能是气囊空气通道堵塞，使动作延时变长。修理时，对于前者应重新装配或更换新气囊，对于后者应拆开气室清除堵塞物。

(2)对于速度继电器，其胶木摆杆属于中间机构。如果反接制动时电动机不能制动停转，就可能是胶木摆杆断裂，检修时应予以更换。

4. 熔断器(熔丝)

由于各种电气设备都具有一定的过载能力，允许在一定条件下较长时间运行；而当负载超过允许值时，就要求保护熔体在一定时间内熔断。还有一些设备启动电流很大，但启动时间很短，所以要求这些设备的保护特性要适应设备运行的需要，要求熔断器在电机启动时不熔断，在短路电流作用下和超过允许过负荷电流时，能可靠熔断，起到保护作用。熔体额定电流选择偏大，则负载在短路或长期过负荷时不能及时熔断；选择过小，可能在正常负载电流作用下就会熔断，影响正常运行。为保证设备正常运行，必须根据负载性质合理地选择熔体额定电流。

(1)熔断器使用注意事项

①熔断器的保护特性应与被保护对象的过载特性相适应，考虑到可能出现的短路电流，选用相应分断能力的熔断器。

②熔断器的额定电压要适应线路电压等级，熔断器的额定电流要大于或等于

熔体额定电流。

③线路中各级熔断器熔体额定电流要相应配合，保持前一级熔体额定电流必须大于下一级熔体额定电流。

④熔断器的熔体要按要求使用相配合的熔体，不允许随意加大熔体或用其他导体代替熔体。

(2)熔断器巡视检查

①检查熔断器和熔体的额定值与被保护设备是否相配合。

②检查熔断器外观有无损伤、变形，瓷绝缘部分有无闪烁放电痕迹。

③检查熔断器各接触点是否完好，接触是否紧密，有无过热现象。

④检查熔断器的熔断信号指示器是否正常。

(3)熔断器使用维修

①熔体熔断时，要认真分析熔断的原因，可能的原因有：a. 短路故障或过载运行而正常熔断。b. 熔体使用时间过久，熔体因受氧化或运行中温度高，使熔体特性变化而误断。c. 熔体安装时有机械损伤，使其截面积变小而在运行中引起误断。

②拆换熔体时，要求做到：a. 安装新熔体前，要找出熔体熔断原因，未确定熔断原因，不要拆换熔体试送。b. 更换新熔体时，要检查熔体的额定值是否与被保护设备相匹配。c. 更换新熔体时，要检查熔断管内部烧伤情况，如有严重烧伤，应同时更换熔管。瓷熔管损坏时，不允许用其他材质管代替。填料式熔断器更换熔体时，要注意填充填料。

③熔断器应与配电装置同时进行维修工作：a. 清扫灰尘，检查接触点接触情况。b. 检查熔断器外观（取下熔断器管）有无损伤、变形，瓷件有无放电闪烁痕迹。c. 检查熔断器的熔体与被保护电路或设备是否匹配，如有问题应及时调查。d. 注意检查在 TN 接地系统中的 N 线，设备的接地保护线上不允许使用熔断器。e. 维护检查熔断器时，要按安全规程要求切断电源，不允许带电摘取熔断器管。

任务 4 低压塑壳断路器常见故障分析处理

低压塑壳断路器故障跳闸后，不能简单地合闸就结束。低压塑壳断路器的主动、静触头及副触头、联锁辅助触头、软连接片、线圈、短路环及灭弧罩等部件都易发生故障。发生故障跳闸后，首先应检查外观、灭弧罩等部件有无烧坏现象。如有，则应拆下灭弧罩对相应故障部件进行检查、检修或更换，并将污迹清扫干净。

1. 高温引起低压塑壳断路器跳闸原因及措施

低压塑壳断路器如果安装在户外配电箱内，夏日无风时环境温度较高，加上负荷后箱内温度会升高，严重时户外箱内温度达到 70℃甚至更高。常用的低压塑壳断路器的适用工作环境为－5～40℃，且 24 h 的平均值不超过 35℃。断路器的过负荷保护热双金属元件是由两种具有不同热膨胀系数的金属压轧而成的，两种不同金属中分主动层和被动层，当双金属感受到过载电流产生的热量时，主动层将向被动层弯曲。双金属元件产生的位移以及双金属元件碰到扣杆的热推力均与它的弯曲度和温度变化值成正比，如果断路器周围的环境温度超过基准温度，即使通过的电流不过载而是正常额定电流或小于额定电流，断路器的动作时间也会提早，从而失去过载保护功能。为此，需要将断路器的额定值提高、降低现场运行电流及进行现场散热处理。

2. 启动电动机时断路器跳闸原因及措施

(1)电动机带负载启动时，引起电流增大而引起断路器跳闸。在启动电动机前，应先检查电动机负载有无切断，电动机无负载情况下再启动电动机。

(2)电压低，启动电动机时电流猛增，导致启动电流增大造成断路器跳闸。客户受电端电压变动幅度不应超过范围，三相供电低压动力客户为额定电压的＋7%～－7%；电压测量值超过规定值时，应采取调整变压器分接头、调整负荷等措施。

(3)断路器的瞬时保护整定倍数偏小。合理调整断路器的瞬时保护整定倍数，与现场设备运行要求相符合。

(4)选用的塑壳断路器不是动力型，导致断路器跳闸。应根据设备用途，选择正确的塑壳断路器。

3. 运行中的断路器跳闸原因

(1)选用的连接电缆或铜排截面太小容易发热，使断路器跳闸。

(2)负载端的紧固螺栓未上紧导致接触不良而大量发热，使断路器跳闸。

(3)负荷过载跳闸。

4. 低压塑壳断路器部件损坏的处理

(1)主、副触头　表面烧伤严重的应更换，以免打磨过多而降低接触面的压力。

(2)辅助触头　应用 00 号细砂纸(布)打磨，触头表面不能有油污。

(3)灭弧罩　炭化现象应刮净；受潮现象应烤干；有损坏者应重新配齐；安装角度应正确，以免妨碍触头动作。

(4)短路环和线圈　损坏的短路环和线圈应及时更换。

(5)软连接片　应及时更换损坏元件。

任务5 东方红-1604/1804 拖拉机电源电路分析

拖拉机电源由JK 2322 Y 型硅整流发电机和两个6-QW-120T 蓄电池组成，由电源指示灯来显示蓄电池的充电、放电状况，电路如图2-4所示。

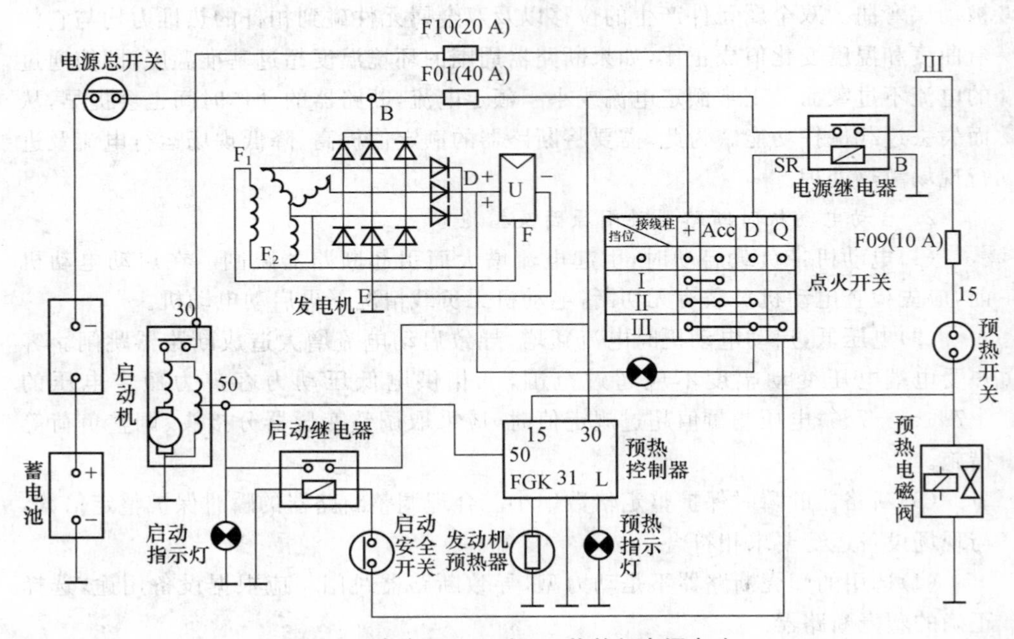

图2-4 东方红-1604/1804 拖拉机电源电路

(1)当点火开关拨至Ⅱ挡，发动机未启动，充电指示灯亮，发电机不发电。发电机励磁电路为：蓄电池(＋)→电源总开关→F10(20A)保险→点火开关(＋)→点火开关(D)→充电指示灯→调节器(＋)→调节器(F)→发电机磁场绕组(F_2)→发电机磁场绕组(F_1)→调节器(－)→蓄电池(－)。

(2)发电机正常发电后，励磁电流由发电机自身提供，进入自励状态，同时由于D＋电位升高后，充电指示灯的两端电位比较接近，此时充电指示灯熄灭。其电路为：发电机(B)→电源总开关→F01(40A)保险→点火开关(＋)→点火开关(D)→充电指示灯→调节器(＋)→调节器(F)→发电机磁场绕组(F_2)→发电机磁场绕组(F_1)→调节器(－)→发电机(E)。

多余电供蓄电池充电，其充电电路为：发电机(B)→电源总开关→蓄电池(＋)

→蓄电池(－)→蓄电池(＋)→蓄电池(－)→发电机(E)。

任务6　迪尔佳联C230联合收割机电源电路分析

收割机电源由硅整流发电机和6-Q-195蓄电池组成,既有电流表也有电源指示灯以显示蓄电池的充电、放电状况,电路如图2-5所示。

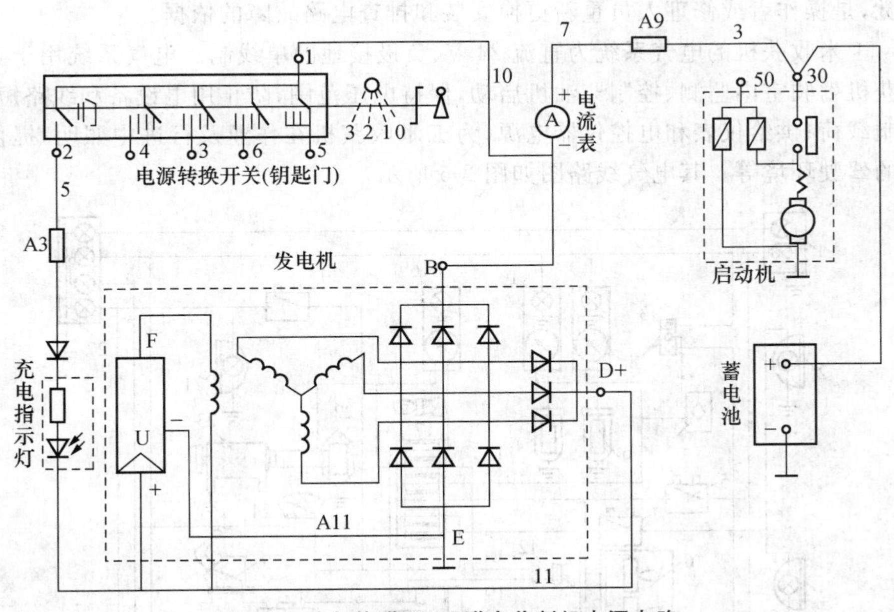

图2-5　迪尔佳联C230联合收割机电源电路

(1)当点火开关拨至行车挡,发动机未启动,充电指示灯亮,显示发电机不发电。发电机励磁电路为:蓄电池(＋)→启动机(30)→电流表(＋)→电流表(－)→点火开关(1)→点火开关(2)→保险(A3)→充电指示灯→调节器(＋)→调节器(－)→蓄电池(－)→发电机磁场绕组→调节器(F)→调节器(－)→发电机(E)。

(2)当发电机运转后,发电机正常发电,励磁电流由发电机自身提供,进入自励状态。同时由于D＋电位升高后,充电指示灯的两端电位比较接近,此时充电指示灯熄灭。其电路为:发电机(B)→点火开关(1)→点火开关(2)→充电指示灯→调节器(＋)→调节器(－)→发电机(E)→发电机磁场绕组→调节器(＋)→调节器(－)→发电机(E)。

任务 7 玉米收获机电路图的识读

农业机械的电气线路图用来标注电气设备的外形、安装位置以及线路走向，图中的电气设备大多数以实物轮廓图的形式展示，按照电气设备安装的实际位置绘制，并且将电气元件之间的线束和同路的导线画在一起，给操作者以直观和真实的感觉，是操作者或修理人员重新更换安装和排查电路故障的依据。

玉米收获机的电气系统为直流 24 V、负极接地的单线制。电气系统用于玉米收获机驾驶室内监测、控制柴油机启动，保持电压范围，防止用电设备和线路短路，控制载荷；供给仪表和电控仪器电源，为玉米收获机在作业及行进中照明，提供良好的驾驶环境等。其电气线路图如图 2-6 所示。

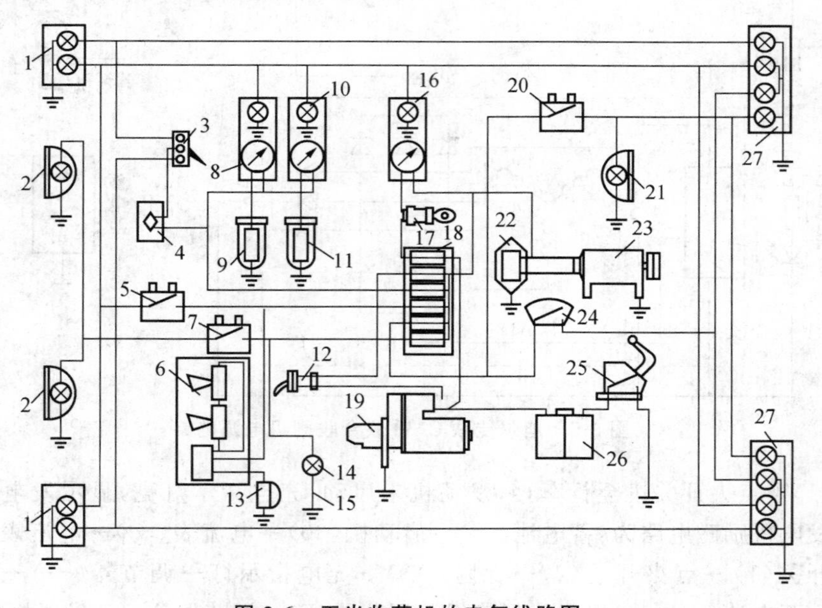

图 2-6 玉米收获机的电气线路图

电气系统中的设备包括电源、控制开关、启动装置、照明装置、仪表和各种信号装置等。电气系统元器件如表 2-2 所示。

表 2-2　电气系统元器件表

序号	名称	型号	数量
1	前示宽转向组合信号灯		2
2	前照灯		2
3	转向开关	JK812	1
4	闪光灯	SD56	1
5	示宽仪表灯开关	KND-201D	1
6	电喇叭(含继电器)		1
7	前照灯开关	KND-201D	1
8	水温表(含照明灯)	302-T32	1
9	水温传感器	306-T32	1
10	油温表(含照明灯)	302-T32U	1
11	油温传感器	306-T32	1
12	预热启动开关	JK290	1
13	电喇叭按钮		1
14	料仓满指示灯	XDY1-B/24D	1
15	料仓满行程开关	X2N	1
16	电流表	307-T32	1
17	点火开关	JK32	1
18	熔丝盒	BX504	1
19	启动电机	ST614	1
20	倒车灯开关	KND-201D	1
21	倒车灯		1
22	电压调节器	FT211	1
23	硅整流发电机	JK12	1
24	制动灯开关		1
25	电源开关	JK561	1
26	蓄电池	6-Q-126	2
27	组合后灯	XH8-479	2

实训注意事项

严格要求学生遵守安全规程,并督促学生执行。在学生分组认识实物过程中,提醒不要损坏车上电气设备。

项目考核

1. 考核内容

(1)继电器的常见故障检修。

(2)低压塑壳断路器常见故障分析处理。

(3)东方红-1604/1804 拖拉机电源电路分析。

(4)迪尔佳联 C230 联合收割机电源电路分析。

(5)识读玉米收获机的电气线路图。

2. 考核方法

根据实训项目活动评价表赋分。

实训项目活动评价表

学生姓名：	日期：	配分	自评	互评	师评
项目名称	评价内容				
职业素养考核项目 40%	劳动保护穿戴整洁	6 分			
	安全意识、责任意识、服从意识	6 分			
	积极参加教学活动，按时完成学生工作页	10 分			
	团队合作、与人交流能力	6 分			
	劳动纪律	6 分			
	实训现场管理 6S 标准	6 分			
专业能力考核项目 60%	专业知识查找及时、准确	15 分			
	操作符合规范	15 分			
	操作熟练、工作效率	12 分			
	实训效果监测	18 分			
		总分			
总评	自评(20%)＋互评(20%)＋师评(60%)		总评成绩		

3. 考核评分标准

(1)正确熟练　赋分为满分的 90%～100%。

(2)正确不熟练　赋分为满分的 80%～90%。

(3)在指导下完成　赋分为满分的 70%～80%。

(4)不能完成　赋分为满分的 70%以下。

综合性思考题

1. 农机电气线路有什么特点？
2. 简述农机电气线路的识图方法。
3. 火焰预热器的作用是什么？
4. 什么是继电器？继电器的选用方法有哪些？
5. 熔断器的作用是什么？
6. 什么是易熔丝？易熔丝的作用是什么？

项目三 农机电气设备常用检修工具与仪表使用

项目说明

本教学项目属于基础知识技能训练模块，主要是掌握农机电气设备常用检修工具与仪表的使用；学会使用农机电气设备维修中常用的仪表和工具；掌握农机电气故障诊断的几种方法，并能正确指认农机电气设备在农业机械上的位置，为后续课程打好基础。技能训练时以校内实训室和实训基地为依托，理实结合，教学做一体化。结合多媒体教学、实验观察和课程网站引导学生自主学习，并通过布置综合性思考题的方式，巩固学生的基础知识和基本技能。

基本知识

在农机电气和电子控制装置的维修中常常用到一些通用工具，专用仪表，诊断仪器等，实训任务中分别介绍了各仪表的正确使用方法及使用中应注意的问题。在使用电气工具和专用仪表时都须注意以下几个问题：

1. 选用正确工具，按使用说明书使用工具，戴好防护眼镜。
2. 保持工具整洁，使用符合电工规范对电气设备绝缘的工具。
3. 使用工具时应注意常见的标识说明，见表 3-1。

表 3-1 常用工具使用标识说明

标识	说明	标识	说明
	使用前通读说明书		工具上有尺寸标记，以便按规定摆放

续表 3-1

	请戴好防护眼镜		只有工具受力正确时，才能保证工具和螺栓具有较长的寿命
	请戴好防护耳罩		对工具进行后续加工（如用磨削设备加工）会导致工具产生裂纹和断裂点，会增加发生事故的危险
	原则上不要套上钢管来加工长杠杆臂，而是使用专用工具		不要把手动工具头和手动工具用于冲击式螺栓扳手
	手工工具只能用手操作，不能用锤子		无人能同时观看所有抽屉，所以每次只能拉出一只抽屉并防止倾翻
	错误的敲击会导致破碎并危及视力（原则上要佩戴防护眼镜）		请勿踩踏在抽屉上
	旋具是精细的手工工具，不允许作为撬棒或錾子使用		不要把维修小车推到自己身后
	螺栓不仅需要符合要求的旋具，而且要求旋具头垂直放到螺栓上		世间万物都是有限度的。工具也是这样，将用过的零部件进行报废处理

实训准备

1. 集队点名，教师检查学生穿着工作服情况；
2. 教师集中讲解安全操作规程。

任务8 电流表和电压表

电流表和电压表都是重要的电学仪器。它们在结构和使用上都既有相同点，又有不同点。下面具体地介绍一下电流表和电压表中必须强调的几个“会”：

(1)会看表 如图3-1所示，表盘上标有字母“A”字样，该表就是测量电流强度的电流表。如图3-2所示，表盘上标有字母“V”字样，该表是测量电压的电压表。

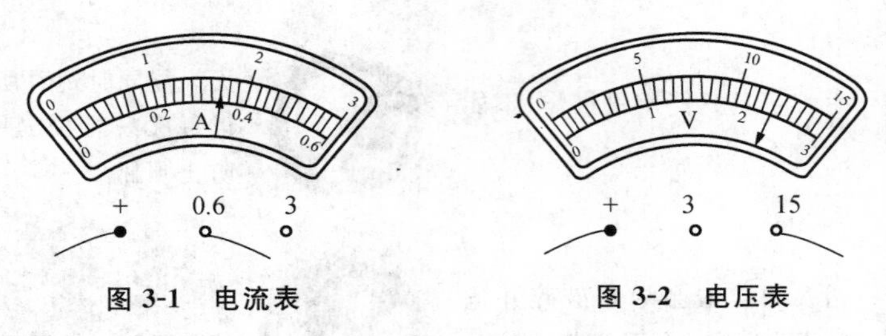

图3-1 电流表　　图3-2 电压表

(2)会接表 电流表必须串联在待测电路中，电流表的“＋”极必须跟电源的“＋”极端靠近，电流表的“－”极必须跟电源的“－”极端靠近。电流表本身内阻非常小，所以绝对不允许不通过任何用电器而直接把电流表接在电源两极，这样会使通过电流表的电流过大，烧毁电流表。电压表必须并联在待测电路的两端，注意正负极不能接反。电压表和哪个用电器并联，就测哪个用电器两端电压。与电流表不同的是，电压表可以不通过任何用电器直接接在电源两极上，这时测量的是电源电压。

(3)会选表的量程 电流表和电压表均有三个接线柱，表的量程与接线有关，例如电流表如果接在“＋”和“0.6”两个接线柱上，则量程为0.6 A，应读表盘上的下面那组数；对电压表，如果接在“＋”和“15”两个接线柱上，则量程为15 V，这时应该读表盘上的上面那组数。在实验前，如果不知怎么接，可先估计电路的电流强度和电压值。如果估计电流强度小于0.6 A，则选择0～0.6 A量程；如果估计电流强度大于0.6 A，小于3 A，此时就选0～3 A量程；若不能估计，可采用试触(固定一个接线柱，用电路的另一个线头迅速试触最大量程的接线柱）的办法进行，据测试的数据选用适当的量程。对于电压表，若估计电压小于 3 V，则选 0～3 V 量程，若估计大于 3 V，这时应选 0～15 V 量程，不能估计也用试触的办法进行。

(4)会试接电路　按电路图接好实物图以后，必须进行试接电路，仔细观察两表的指针偏转情况。如果指针不偏转，说明是电路某处断路，也可能是两表的位置接错；若指针向相反方向偏转，说明正负接线柱接反了；若指针偏转太大，则说明量程选小了；若指针偏转太小，说明量程太大了，应根据试接观察的实际情况，做相应的调整，而后便可进行实验。

(5)会读表　根据两表盘的指针位置读出相应读数，首先弄清每个大格和每个小格是多少，图 3-1 每个大格表示 0.2 A，每个小格刻度表示 0.02 A，此时能准确到 0.02 A，再看指针位置，现指针所指位置是 1 个大格零 8 小格，那么读数应是 0.36 A。图 3-2 中每个大格表示 5 V，每个小格表示为0.5 V，此时能准确到 0.5 V，再看指针在什么位置，现指针所指位置是 2 个大格零 4 个小格，那么读数应该是 12 V。

(6)会区别两表的异同点　相同点：①两表的正极都靠近电源的正极。②两表都要注意测量范围。不同点：①电流表必须串联在待测电路中，电压表必须并联在待测电路两端。②电流表不可直接连在电源的两极上，电压表可直接连在电源的两极上。

任务 9　电阻表

(1)电流表和电压表刻度越向右数值越大，电阻表则相反，这是因为 R_x 越小 I 越大造成的。当 $R_x=\infty$ 时，$I=0$，则指针在最左端；当 $R_x=0$ 时（两表笔短接）I 为 Ig（满偏电流），即电流表满刻度而电阻为“0”指针在最右端。

(2)电流表和电压表刻度均匀，电阻表刻度很不均匀，越向左越密。这是因为在零点调正后，E、R、R_x 都是恒定的，I 随 R_x 而变，但它们不是简单的线性比例关系。

(3)电流表和电压表的刻度都是从 0 到某一确定值，即每个表都有确定的量程。而电阻表的刻度总是从 0→∞。这是否说明所有电阻表都有相同的刻度？是否电阻表不存在量程的问题？不是的，下面对这两个问题分别进行分析：虽然任何电阻表的测量范围都是从 0→∞，但越向左刻度越密。中值电阻为 100 Ω 的电阻表当 R_x 在 200Ω 以上时，读数已很困难，当 R_x 为 1 000 Ω 时，已无法读数了。要想准确地测出大电阻，应换用一个中值电阻较大的电阻表（即换挡）。为了使电阻表各挡共用一个标尺，一般都以 R×1 中值电阻为标准，成 10 倍扩大。例如 R×1 挡的中值电阻 $R_{中}=10\ \Omega$，R×10 挡为 100 Ω，R×100 挡为 1 000 Ω 等，依次类推。扩大电阻表的量程就是扩大电阻表的总内阻，实际上是通过电阻表的另一附加电路来实现。

（4）电流表和电压表在使用时都需要电路连接（即串联或并联），但电阻表可以不用连接电路而直接读取其示数。

任务 10 万用表

万用表又叫多用表、三用表、复用表，是一种多功能、多量程的测量仪表。它分为模拟式万用表和数字万用表。一般万用表可测量直流电流、直流电压、交流电压、电阻和音频电平等，有的还可以测交流电流、电容量、电感量及半导体的一些参数（如 β）。由于万用表功能齐全，使用方便，在实际使用中，它可以代替电流表、电压表、电阻表等来使用。

万用表的种类很多，但作为现代农机电路检测用的万用表，其内阻必须大于 10 kΩ。

一、模拟式万用表

1. 模拟式万用表的结构及其原理

万用表由表头（磁电式测量机构）、测量电路及转换开关等三个主要部分组成，如图 3-3 所示。

（1）表头　它是一只高灵敏度的磁电式直流电流表，万用表的主要性能指标基本上取决于表头的性能。表头的灵敏度是指表头指针满刻度偏转时流过表头的直流电流值，这个值越小，表头的灵敏度越高。测电压时的内阻越大，其性能就越好。表头上有四条刻度线，它们的功能如下：第一条（从上到下）标有 R 或 Ω，指示的是电阻值，转换开关在欧姆挡时，即读此条刻度线。第二条标有∽和 VA，指示的是交、直流电压和直流电流值，当转换开关在交、直流电压或直流电流挡，量程在除交流 10 V 以外的其他位置时，即读此条刻度线。第三条标有 10 V，指示的是 10 V 的交流电压值，当转换开关在交、直流电压挡，量程在交流 10 V 时，即读此条刻度线。第四条标有 dB，指示的是音频电平。

（2）测量线路　测量线路是用来把各种被测量转换到适合表头测量的微小直

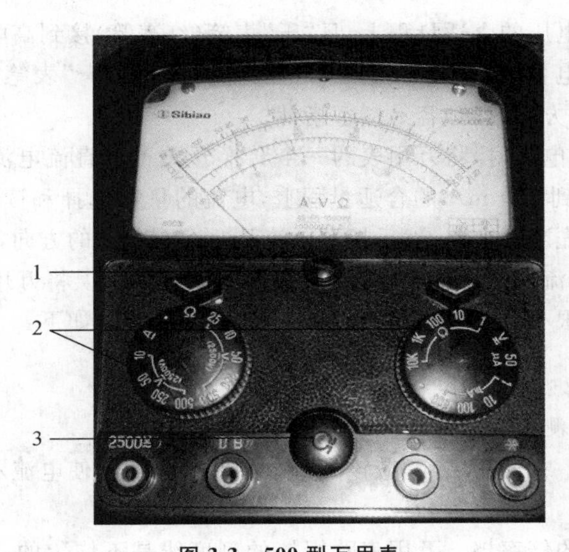

图 3-3　500 型万用表

1. 零位调节螺钉　2. 转换开关　3. 电阻调零旋钮

流电流的电路，它由电阻、半导体元件及电池组成。它能将各种不同的被测量（如电流、电压、电阻等）、不同的量程，经过一系列的处理（如整流、分流、分压等）统一变成一定量限的微小直流电流送入表头进行测量。

（3）转换开关　其作用是用来选择各种不同的测量线路，以满足不同种类和不同量程的测量要求。转换开关一般有两个，分别标有不同的挡位和量程。

2. 模拟式万用表的使用

（1）熟悉表盘上各符号的意义及各个旋钮和选择开关的主要作用。

（2）进行机械调零。

（3）根据被测量的种类及大小，选择转换开关的挡位及量程，找出对应的刻度线。

（4）选择表笔插孔的位置。

（5）测量电压（或电流）时要选择好量程，如果用小量程去测量大电压，则会有烧表的危险；如果用大量程去测量小电压，那么指针偏转太小，无法读数。量程的选择应尽量使指针偏转到满刻度的 2/3 左右。如果事先不清楚被测电压的大小时，应先选择最高量程挡，然后逐渐减小到合适的量程。

①交流电压的测量　将万用表的一个转换开关置于交、直流电压挡，另一个转换开关置于交流电压的合适量程上，万用表两表笔和被测电路或负载并联即可。

②直流电压的测量　将万用表的一个转换开关置于交、直流电压挡，另一个转

换开关置于直流电压的合适量程上，且"+"表笔（红表笔）接到高电位处，"-"表笔（黑表笔）接到低电位处，即让电流从"+"表笔流入，从"-"表笔流出。若表笔接反，表头指针会反方向偏转，容易撞弯指针。

(6)测量直流电流时，将万用表的一个转换开关置于直流电流挡，另一个转换开关置于 50 μA 到 500 mA 的合适量程上，电流的量程选择和读数方法与电压一样。测量时必须先断开电路，然后按照电流从"+"到"-"的方向，将万用表串联到被测电路中，即电流从红表笔流入，从黑表笔流出。如果误将万用表与负载并联，则因表头的内阻很小，会造成短路烧毁仪表。其读数方法如下：

$$实际值=指示值\times量程/满偏电流$$

(7)用万用表测量电阻时，应按下列方法操作。

①机械调零　在使用之前，应该先调节指针定位螺丝使电流示数为零，避免不必要的误差。

②选择合适的倍率挡　万用表欧姆挡的刻度线是不均匀的，所以倍率挡的选择应使指针停留在刻度线较稀的部分为宜，且指针越接近刻度尺的中间，读数越准确。一般情况下，应使指针指在刻度尺的 1/3～2/3 间。

③欧姆调零　测量电阻之前，应将 2 个表笔短接，同时调节"欧姆（电气）调零旋钮"，使指针刚好指在欧姆刻度线右边的零位。如果指针不能调到零位，说明电池电压不足或仪表内部有问题。并且每换一次倍率挡，都要再次进行欧姆调零，以保证测量准确。

④读数　表头的读数乘以倍率，就是所测电阻的电阻值。

3. 模拟式万用表的注意事项

(1)万用表在使用时，必须水平放置，以免造成误差。同时，还要注意避免外界磁场对万用表的影响；在使用万用表之前，应先进行"机械调零"，即在没有被测电量时，使万用表指针指在零电压或零电流的位置上。在测电流、电压时，不能带电换量程。

(2)在使用万用表过程中，不能用手去接触表笔的金属部分，这样一方面可以保证测量的准确，另一方面也可以保证人身安全。

(3)选择量程时，要先选大的，后选小的，尽量使被测值接近于量程。在测某一电量时，不能测量的同时换挡，尤其是在测量高电压或大电流时，更应注意。否则，会使万用表毁坏。如需换挡，应先断开表笔，换挡后再去测量。

(4)测电阻时，不能带电测量。因为测量电阻时，万用表由内部电池供电，如果带电测量则相当于接入一个额外的电源，可能损坏表头。注意在改换量程时，需要进行欧姆调零，无须机械调零。

(5)万用表使用完毕，应使转换开关置于交流电压最大挡位或空挡上。如长期不使用，还应将万用表内部的电池取出来，以免电池腐蚀表内其他器件。

二、数字万用表

现在，数字式测量仪表已成为主流，有取代模拟式仪表的趋势。数字式万用表采用运输放大器和大规模集成电路，通过模/数转换将被测量值用数字形式显示出来。与模拟式万用表相比，数字式仪表灵敏度高，准确度高，显示清晰，过载能力强，便于携带，使用更简单。如图 3-4 所示。

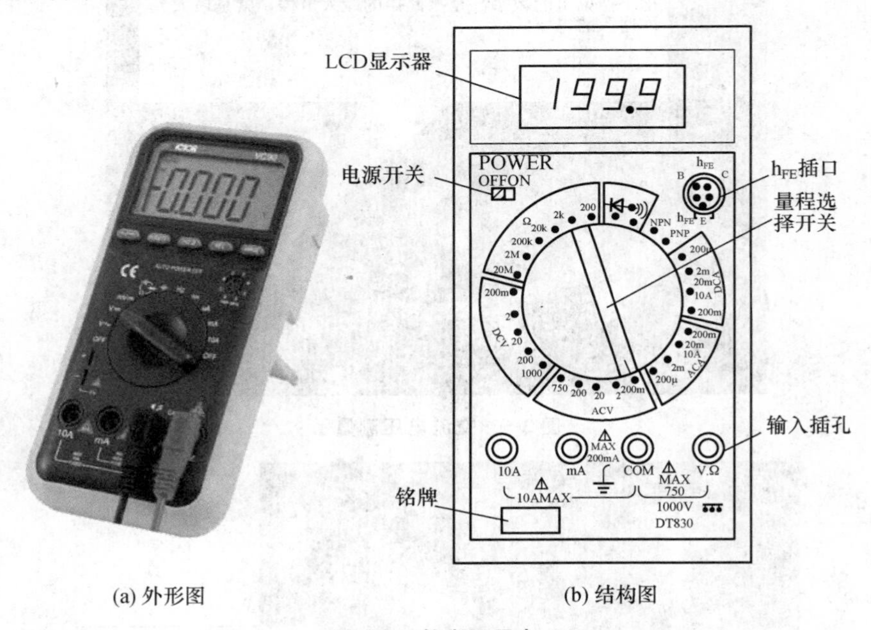

(a) 外形图　　(b) 结构图

图 3-4　数字万用表

1. 数字万用表的使用方法

(1)使用前，应认真阅读有关的使用说明书，熟悉电源开关、量程开关、插孔、特殊插口的作用。

(2)将电源开关置于 ON 位置。

(3)交、直流电压的测量。如图 3-5 所示为交流电压的测量图，如图 3-6 为直流电压的测量图。根据需要将量程开关拨至 DCV(直流)或 ACV(交流)的合适量程，测量电压时，数字式万用表应与被测电路相并联，仪表具有自动转换并显示极性的功能。在测量电压时，不必考虑表笔接法。测量交流电压时，输入的电压不能超过指针指示位置的电压值，将红表笔插入 V/Ω 孔，黑表笔插入 COM 孔，应用黑表笔接触被测电压的低电位端，以消除仪表输入端对地分布的影响，这时表上显示的就是你所测量的交流电压值。

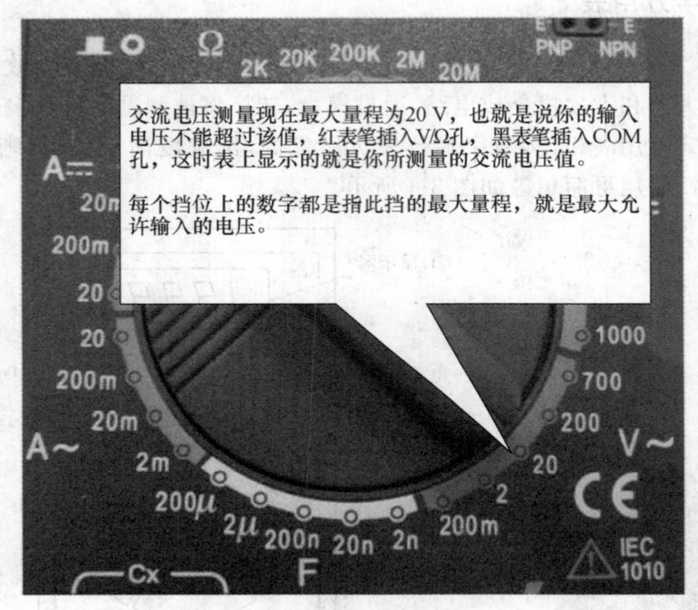

图 3-5 交流电压测量图

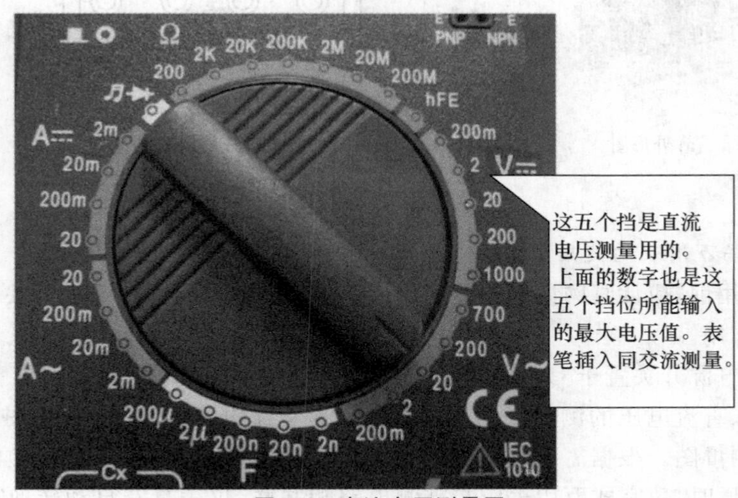

图 3-6 直流电压测量图

(4)交、直流电流的测量。测量电流时，将量程开关拨至 DCA(直流)或 ACA(交流)的合适量程，红表笔插入 mA 孔(<200 mA 时)或 10A 孔(>200 mA 时)，黑表笔插入 COM 孔，应把数字式万用表与被测电路相串联。当被测电流源的内阻很低时，应尽量选择较高的电流量限以减小分流电阻上的压降，提高测量的准确度。测量直流量时，数字万用表能自动显示极性。

如图 3-7 为直流电流测量图，四个挡位上的数字代表这四个挡所能流过的最大电流值，注意：测量电流时将表笔串联入被测电路，红表笔根据估计电流大小插入标有“A”或“mA”的孔中。

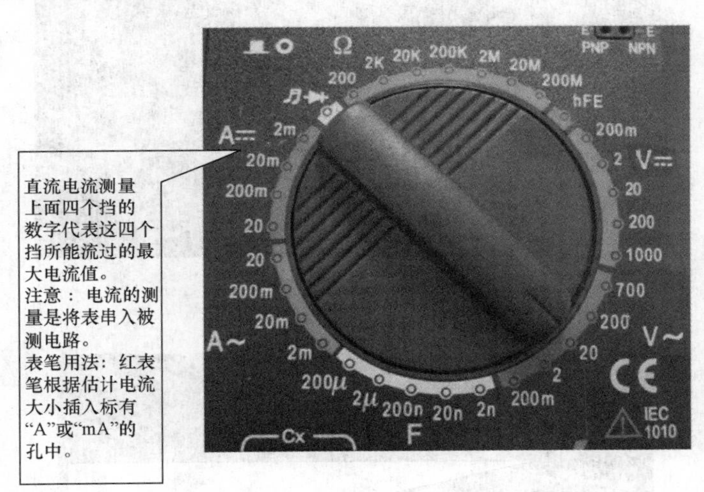

图 3-7　直流电流测量图

(5)电阻的测量。将量程开关拨至“Ω”的合适量程，红表笔插入 V/Ω 孔，黑表笔插入 COM 孔。测量电阻时，红表笔为正极，黑表笔为负极，这与指针式万用表正好相反。因此，测量晶体管、电解电容器等有极性的元器件时，必须注意表笔的极性。测量电阻时，特别是低电阻，被测试插头与插座之间必须接触良好，否则会引起测量误差或导致读数不稳定。

如图 3-8 所示的七个挡是电阻测量挡，上面标示的是各挡所能测量的最大阻值，可用来测量导线的通断和电阻值的大小。当你用某个量程测电阻时，如果显示为“1”时，表示你所选的量程小了，也就是说超量程了，这时需要换一个更大的量程来测量。

(6)二极管及电容的测量。如图 3-9 所示为二极管的测量图，这个挡位是用来测量二极管的好坏和导线的通断的。当所测的元件电阻小于一定值时蜂鸣器会鸣

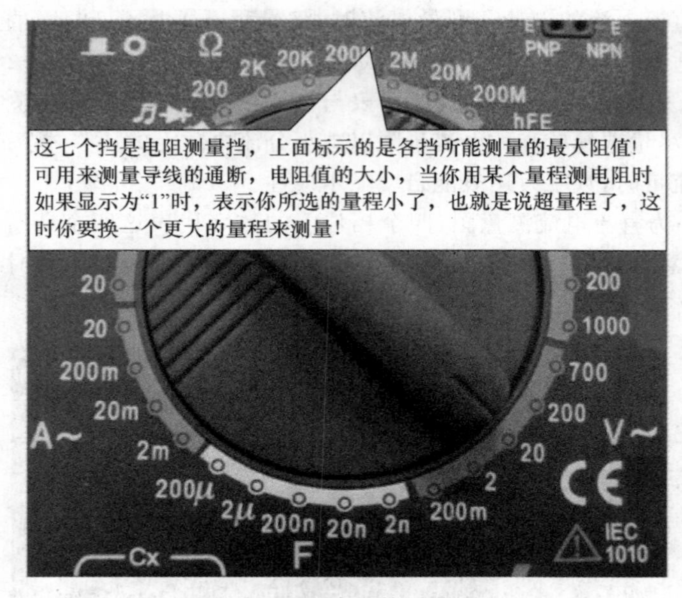

图 3-8 电阻的测量

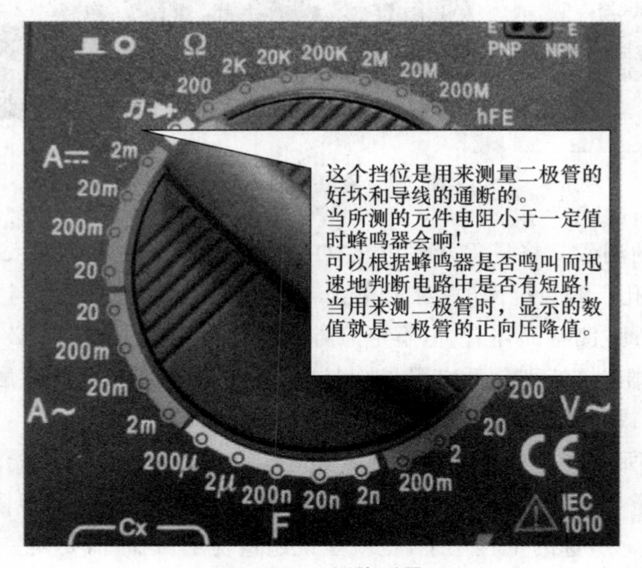

图 3-9 二极管测量

叫，根据蜂鸣器是否鸣叫可以迅速判断电路中是否有短路。当用来测量二极管时，显示的数值就是二极管的正向压降值。

如图 3-10 所示为电容测量图，电容值的测量挡位所标示的也是各挡所能测量的最大电容值。测量电容时，选择好挡位后，把电容插入图示的两个孔内，表上显示的就是该电容的电容值。

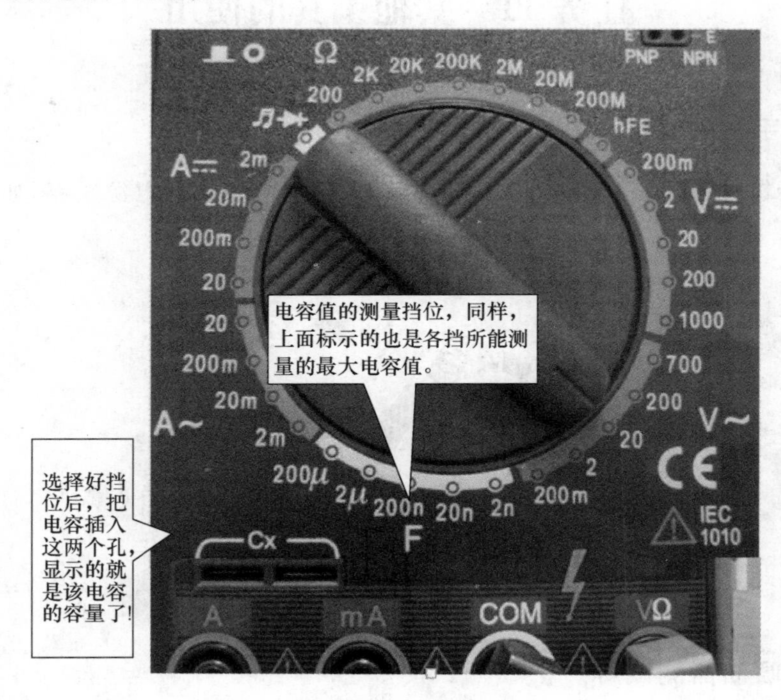

图 3-10　电容测量

2. 数字万用表使用注意事项

(1)如果无法预先估计被测电压或电流的大小，则应先拨至最高量程挡测量一次，再视情况逐渐把量程减小到合适位置。测量完毕，应将量程开关拨到最高电压挡，并关闭电源。

(2)满量程时，仪表仅在最高位显示数字“1”，其他位均消失，这时应选择更高的量程。

(3)测量电压时，应将数字万用表与被测电路并联。测电流时应与被测电路串联，测直流量时不必考虑正、负极性。

(4)当误用交流电压挡去测量直流电压，或者误用直流电压挡去测量交流电压时，显示屏将显示“000”或低位上的数字出现跳动。

(5)禁止在测量高电压(220 V 以上)或大电流(0.5 A 以上)时换量程，以防止产生电弧，烧毁开关触点。

(6)当显示"－""BATT"或"LOW BAT"时,表示电池电压低于工作电压。

任务 11　其他工具的使用

一、手动测试灯

用于检查导线是否完全导通,是否对地短路、断路或对电源短路,如图 3-11 所示。

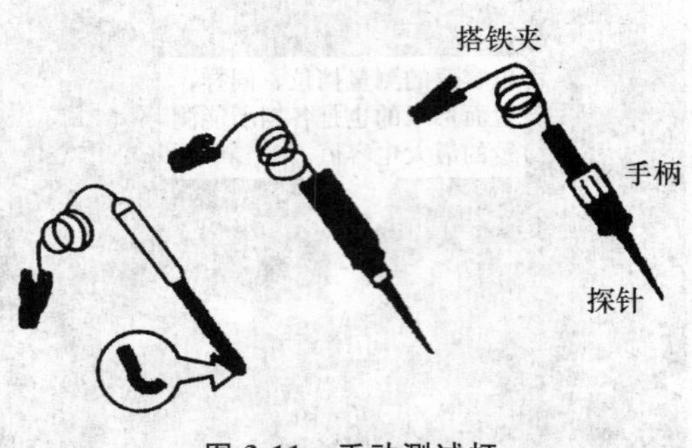

图 3-11　手动测试灯

二、喷油器测试灯

如图 3-12 所示。检查时,可将喷油器试灯连在喷油插座上,以检查喷油器控制电路是否断路或短路。若接上喷油器测试灯时,测试灯发生闪烁,则表示喷油器电路正常;若测试灯不亮,则表示喷油器电路断路;若喷油器测试灯常亮,则表示喷油器电路对电源短路。

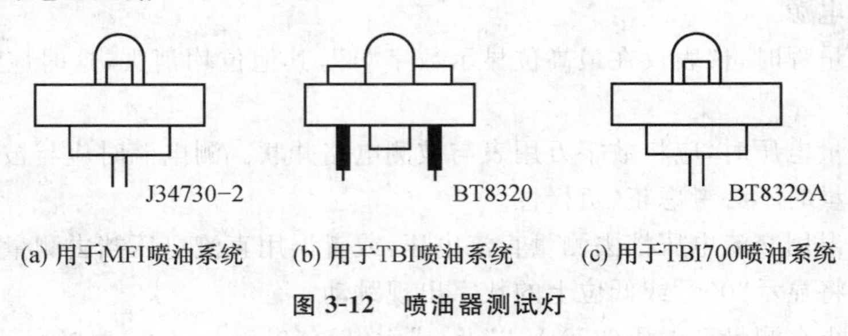

(a) 用于MFI喷油系统　(b) 用于TBI喷油系统　(c) 用于TBI700喷油系统

图 3-12　喷油器测试灯

三、喷油器检测仪

喷油器的作用是将柴油喷射成较细的雾化颗粒，并把它们分布在燃烧室中，与空气形成良好的可燃混合气。因此喷油器的技术状况决定了柴油机燃油的喷射质量，对柴油机的燃烧过程和技术性能有重大影响。

柴油机喷油器检测仪是检测喷油器技术状况的专用仪器，可以用来检测柴油机喷油器总成的喷油压力、雾化质量、喷油角度和针阀的密封性，以保证柴油机良好的动力性和经济性。

1. 喷油器检测仪的结构原理

柴油机喷油器检测仪如图 3-13 所示，由手压油泵、油箱及压力表等组成。油箱内的柴油经滤清后流入手压油泵的油腔，压动手压油泵泵油时，高压油经油阀流入喷油器，使喷油器喷油，同时油压在压力表上显示出来。

图 3-13　喷油器检测仪

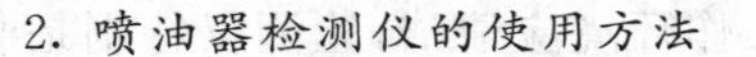

2. 喷油器检测仪的使用方法

(1)喷油器检测仪密封性检测　在调整和检测柴油机喷油器之前，应先检查喷油器检测仪的密封性，方法是将喷油器检测仪的高压出油管口堵住，压动手柄，使压力升到 30 000 kPa 时停止并观察，在 3 min 内系统压力下降不大于 1 000 kPa 为良好。

(2)喷油器的检测

①喷油器密封性的检测

a. 喷油器柱塞圆锥工作面的密封性检测　将喷油器装在喷油器检测仪上，以较慢的速度连续按压手柄，在低于标准喷油压力2 000 kPa时停止按压，观察喷油器喷孔，在 10 s 内不应有渗漏现象。

b. 喷油器柱塞圆柱工作面的密封性检测　将喷油器装在喷油器检测仪上，用起子拧动调压螺钉，并连续按压检测仪手柄，使喷油压力调整到比标准压力高 3 000～5 000 kPa，观察压力从 20 000 kPa 下降到 18 000 kPa 所需的时间，应不小于 10 s。

②喷油压力的检测　将喷油器装在检测仪高压油管上，压动检测仪手柄，排出留在油管中的空气和污物。以 60 次/min 的速度按压手柄，同时观察喷油器喷油过程中压力表上的读数。各缸喷油器的喷油压力应相同，并符合制造厂的规定标准。

③喷油器雾化质量的检测　喷油器在标准压力范围内，以每分钟 60～70 次的

速度摇动手柄，喷出来的柴油必须是均匀的雾状物，喷雾油粒应细小、均匀，无肉眼能看到的油流或油滴，发出清脆的响声为正常。停止喷油后立刻检查喷油器，应无成滴油珠，多次喷射后，允许喷孔附近略有湿润。

④喷油器喷油角度的检测 喷油器喷油角度的检测，可在喷油器口的下面 H 远距离（垂直于喷油器总成的中心线）放一张白纸或一张涂上一层黄油的铁丝布（图 3-14），然后摇动手柄数次，待纸上能清楚地看到一个喷满油的圆形或铁丝布上被冲成完整的圆圈时，测量喷油嘴总成至铁丝布（或白纸）的距离 H 和圆圈的直径 D，喷射角度 α 为：

$$\tan(\alpha/2)=D/2H$$

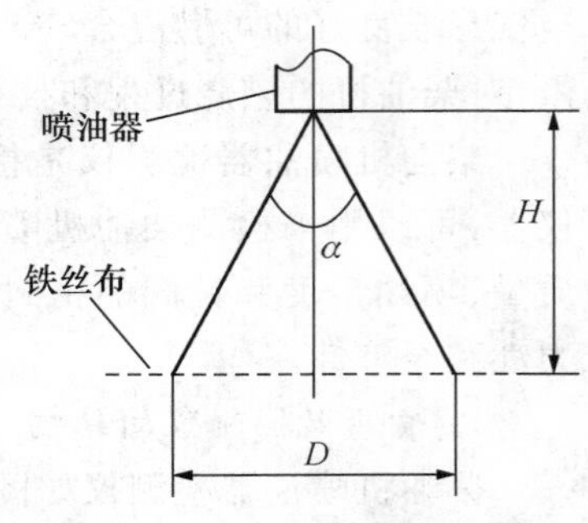

图 3-14 喷油器喷油角度的检测

3. 喷油器检测仪的使用注意事项

喷油器检测仪工作时要求升压速度快，稳压性能好，在使用时应注意以下几点：

(1)使用检测仪前应检查是否固定牢固，工作环境应清洁，检测仪特别是装夹喷油器的接头处应擦拭干净；

(2)喷油器检测仪油箱内应加入沉淀 48 h 以上的 0 号轻柴油，加油时应用绸布过滤，严禁使用不合格的柴油；

(3)使用前应擦拭干净，用完后应罩上防护罩；

(4)转动螺杆固定喷油器总成时，螺杆不要用力过大，以免将丝烧坏；

(5)应定期（半年）检测校正压力表；

(6)未加油时，不能按动压力杆，以免损坏油泵柱塞。

四、电路测试仪

用于对所有断路器和电磁线圈在与引擎控制模块（ECM）连接时的检查。它通过绿色或红色发光二极管（LED）测量电阻并表示通或不通，淡黄色 LED 指示电流极性。它也可用作无电源的通断检查器，如图 3-15 所示。

五、维修工具和接头

在维修发动机控制系统或其他控制系统时，需使用的工具及说明，如表 3-2 所示。

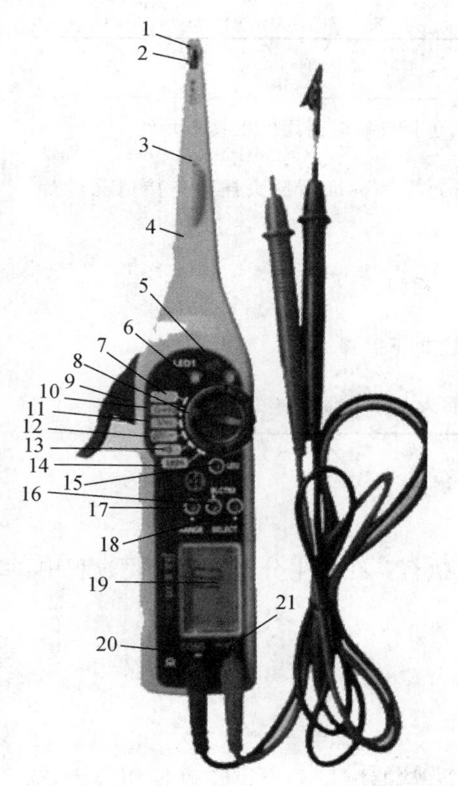

1. 探钩
2. 探头
3. 照明灯
4. 壳体
5. 试灯
6. 无极发光二极管
7. 温度
8. 旋钮开关
9. 扳机
10. 电阻挡
11. 电压挡
12. 试灯兼万用表挡
13. 试灯挡
14. 发光二极管
15. 照明开关
16. 背光灯键
17. 切换量程键
18. 切换功能键
19. 显示屏
20. 负极笔
21. 正极笔

图 3-15　电路测试仪

表 3-2　维修工具说明

名　称	用　途
氧传感器扳手	用于拆卸和安装氧传感器
燃油压力表组件	用于检查燃油喷射系统的供油压力，它包括燃油压力表，燃油表接头和连接管。燃油压力表用于检查燃油泵压力，并比较喷油压降，检查燃油分配是否相同；燃油表接头和连接管主要起连接作用，便于燃油压力表装在发动机上
燃油表连接管	用于某些车型上安装燃油表接头的连接管
燃油表接头	用于某些车型上安装燃油压力表

续表 3-2

名称	用途
插脚修理工具箱	用于电路修理的工具包,包括维修时需用的工具和元件
插头测试用连接工具包	用于对电控部件防水密封型和标准型插头插脚连接情况进行测试
标准封装插脚拆卸器	用于从标准型插头上拆下插脚
防水密封型插脚拆卸器	用于从防水密封型插头上拆下插脚
ECM 插头插脚拆卸器	用于从 ECM 微型封装插头上拆下插脚

实训注意事项

严格要求学生遵守安全规程,并督促学生执行。在学生分组认识实物过程中,提醒不要损坏车上电气设备。

项目考核

1. *考核内容*

(1)电流表和电压表的正确使用,注意安全,掌握测量要点。正确使用仪表,认真记录每项测量结果。

(2)电阻表的正确使用练习,注意安全,掌握测量要点。正确使用仪表,认真记录每项测量结果。

(3)数字万用表的正确使用练习,注意安全,掌握测量要点。正确使用仪表,认真记录每项测量结果。

(4)钳形电流表的正确使用练习,注意安全,掌握测量要点。正确使用仪表,认真记录每项测量结果。

(5)喷油器测试仪的正确使用练习,注意安全,掌握测量要点。正确使用仪表,认真记录每项测量结果。

(6)电路测试仪的正确使用练习,注意安全,掌握测量要点。正确使用仪表,认真记录每项测量结果。

2. *考核办法*

根据实训项目活动评价表赋分。

实训项目活动评价表

学生姓名：	日期：	配分	自评	互评	师评
项目名称	评价内容				
职业素养考核项目40％	劳动保护穿戴整洁	6分			
	安全意识、责任意识、服从意识	6分			
	积极参加教学活动，按时完成学生工作页	10分			
	团队合作、与人交流能力	6分			
	劳动纪律	6分			
	实训现场管理6S标准	6分			
专业能力考核项目60％	专业知识查找及时、准确	15分			
	操作符合规范	15分			
	操作熟练、工作效率	12分			
	实训效果监测	18分			
		总分			
总评	自评（20％）＋互评（20％）＋师评（60％）		总评成绩		

3. 考核评分标准

（1）正确熟练　赋分为满分的90％～100％。

（2）正确不熟练　赋分为满分的80％～90％。

（3）在指导下完成　赋分为满分的70％～80％。

（4）不能完成　赋分为满分的70％以下。

综合性思考题

1. 简述万用表使用注意事项。
2. 简述电压表和电流表的使用及它们在使用中的不同点。
3. 简述钳形电流表使用注意事项。

项目四　蓄电池的使用与维护

项目说明

本教学项目是蓄电池的使用与维护技能训练模块，主要是掌握蓄电池的结构、原理与检测方法；掌握蓄电池充电设备的使用方法；掌握蓄电池常见故障及排除方法。技能训练时以校内实训室和实训基地为依托，理实结合，教学做一体化。结合多媒体教学、实验观察和课程网站引导学生自主学习，并通过布置综合性思考题的方式，巩固学生的基础知识和基本技能。

基本知识

一、蓄电池的作用

（1）启动发动机时，给启动机提供强大的启动电流（一般高达 200～600 A）。

（2）当发动机处于怠速时，发电机电压低于蓄电池电动势，由蓄电池向用电设备以及硅整流发电机磁场绕组供电。

（3）当发电机过载时，可以协助发电机向用电设备供电。

（4）当发电机端电压高于铅蓄电池的电动势时，将一部分电能转变为化学能储存起来，也就是进行充电，并吸收电路中出现的瞬时过电压，保护电子元件不被损坏。

二、蓄电池的结构

农机上的蓄电池一般为由 6 个单格电池串联而成，每个单格电池 6 V，对外输出 12 V。蓄电池主要由极板、隔板、电解液、外壳、连接条和极桩等组成，如图 4-1 所示。每个单格由若干片正极板与若干片负极板（负极板比正极板多一片）间隔重叠而成，中间用超细玻璃纤维隔板隔离。数片正极板用铅合金焊接在一起组成正极群，同样数片负极板用铅合金焊接在一起组成负极群，正、负极群装于电池槽内组成单体蓄电池。单体电池之间用铅零件或连接条从单格之间电池槽隔板顶端（或穿孔穿壁焊）以串联形式连在一起。电池槽盖用密封胶黏结。首尾单格作引出端子，引出正、负极。

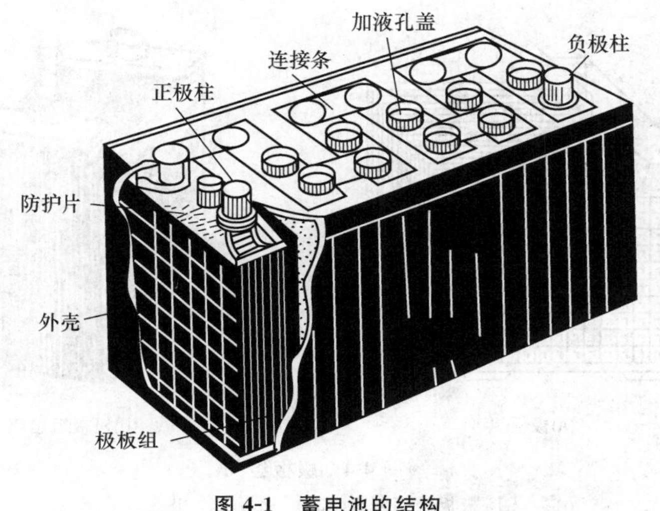

图 4-1　蓄电池的结构

1. 极板

(1)功用　极板是蓄电池的核心部分，蓄电池充放电过程中，电能与化学能的相互转换依靠极板上的活性物质与电解液中的硫酸的化学反应来实现。极板分正、负极板两种。

(2)组成　由栅架和活性物质组成。电能与化学能的转换依靠活性物质和电解液中的硫酸反应来实现。如图 4-2 所示。

①栅架　由铅锑合金浇铸而成。结构见图 4-3 所示。

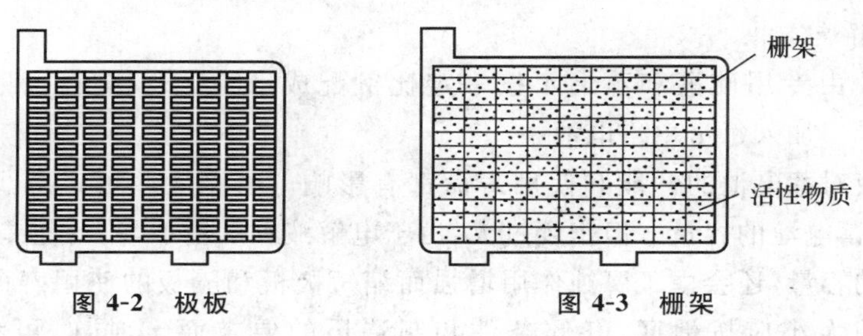

图 4-2　极板　　图 4-3　栅架

②活性物质　正极板上的活性物质为二氧化铅（PbO_2），深棕色；负极板上的

活性物质为海绵状纯铅(Pb),深灰色。

(3)极板组　一片正极板和一片负极板浸入电解液中,可得到2 V左右的电动势,为增大蓄电池容量,常将多片正、负极板分别并联组成正、负极板组。如图4-4所示。

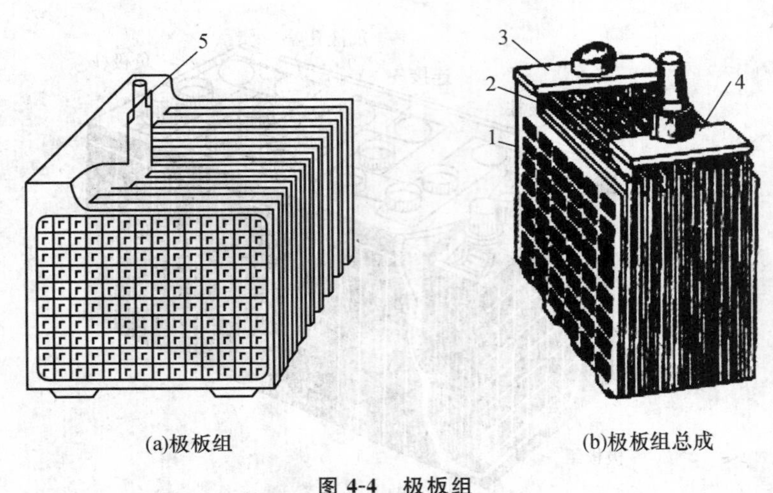

图 4-4　极板组

1. 极板　2. 隔板　3、4. 横板　5. 极柱

2. 隔板

(1)功用　在正负极板间起绝缘作用,使电池结构紧凑。

(2)特征

①隔板有许多微孔,可使电解液畅通无阻。

②隔板一面平整,一面有沟槽,沟槽面对着正极板且与底部垂直,充放电时电解液能通过沟槽及时供给正极板,当正极板上的活性物质 PbO_2 脱落时能迅速通过沟槽沉入容器底部。

3. 电解液

电解液由专用硫酸和蒸馏水按一定比例配成,25℃下,密度一般为1.24～1.30 g/cm^3。加入每个单格电池中。

电解液对蓄电池的性能和使用寿命都有影响。密度大些可以减少结冰的危险,并提高蓄电池的容量。但密度过大,由于电解液黏度增加,流动性差,不仅会降低蓄电池的容量,还会由于腐蚀作用增强而缩短极板和隔板的使用寿命。选用电解液密度的大小应按地区、气候条件和制造厂的要求而定,同时可参照表4-1选用。

表 4-1　适应不同气温的电解液密度　g/cm³

使用地区最低温度/℃	冬季	夏季	使用地区最低温度/℃	冬季	夏季
＜－40	1.31	1.27	－30～－20	1.28	1.25
－40～－30	1.29	1.26	－20～0	1.27	1.24

4. 外壳

蓄电池外壳用来盛装电解液和极板组。外壳应耐酸、耐热和耐冲击。目前蓄电池外壳多用塑料制成。

蓄电池外壳为整体式结构，壳内分成 6 个互不相通的单格，底部制有凸起的肋条，用来搁置极板组。肋条之间的空隙可以积存极板脱粒的活性物质，防止正、负极板短路。蓄电池在每个单格顶部都设有加液口，以便加装电解液、补充蒸馏水和检测电解液密度。每个加液口上都设有旋塞，旋塞上的通气孔应保持畅通，以便随时排除水被电解和化学反应产生的氢气和氧气，防止外壳胀裂，发生事故。

5. 连接条

连接条的作用是将单体电池串联起来，提高蓄电池的输出电压。普通蓄电池连接条的串联方式一般是外露式，而新型蓄电池连接条的串联方式是穿壁式或跨接式结构(在电池内部)。

6. 极桩

有锥台形和“L”形。极桩上标有“＋(P)”“－(N)”或在正极上涂上红色。

三、蓄电池的型号

按工业和信息化部 JB/T 2599—2012《铅酸蓄电池名称、型号编制与命名办法》规定，其型号组成如下：

第一部分：串联的单体蓄电池数。

第二部分：蓄电池用途、结构特征代号。

第三部分：标准的额定容量。

示例：6 个单体串联的额定容量为 100 A·h 的干式荷电启动型蓄电池的型号命名为 6-QA-100。

蓄电池型号各组成部分应按如下规则编制：

(1)串联的单体蓄电数，是指在一只整体蓄电池槽或一个组装箱内所包括的串联蓄电池数目(单体蓄电池数目为 1 时，可省略)；

(2)蓄电池用途、结构特征代号应符合附录 A 的规定；

(3)额定容量以阿拉伯数字表示，其单位为A·h，在型号中单位可省略；

(4)当需要标志蓄电池所需适应的特殊使用环境时，应按照有关标准及规程的要求，在蓄电池型号末尾和有关技术文件上作明显标志；

(5)蓄电池型号末尾允许标志临时型号；

(6)标准中未提及新型蓄电池允许制造商按上述规则自行编制；

(7)对出口的蓄电池或来样加工的蓄电池型号编制，允许按有关协议或合同进行编制。

附录A(规范性附录)

蓄电池按其用途划分见表4-2。

表4-2 蓄电池用途代号

序号	蓄电池类型(按用途划分)	型号	汉字、拼音及英文字头		
			汉字	拼音	英语
1	起动型	Q	起	qi	
2	固定型	G	固	gu	
3	牵引(电力机车)用	D	电	dian	
4	内燃机车用	N	内	nei	
5	铁路客车用	T	铁	tie	
6	摩托车用	M	摩	mo	
7	船舶用	C	船	chuan	
8	储能用	CN	储能	chu neng	
9	电动道路车用	EV	电动车辆		electric vehicles
10	电动助力车用	DZ	电助	dian zhu	
11	煤矿特殊	MT	煤特	mei te	

蓄电池结构特征划分见表4-3。

表 4-3　蓄电池结构特征代号

序号	蓄电池特征	型号	汉字	拼音
1	密封式	M	密	mi
2	免维护	W	维	wei
3	干式荷电	A	干	gan
4	湿式荷电	H	湿	shi
5	微型阀控式	WF	微阀	wei fa
6	排气式	P	排	pai
7	胶体式	J	胶	jiao
8	卷绕式	JR	卷绕	juan rao
9	阀控式	F	阀	fa

四、蓄电池的工作原理

1. 工作原理

工作过程就是化学能与电能相互转化的过程。当向外供电时，化学能转化为电能；当充电时，电能转化为化学能如图 4-5 示。铅蓄电池正极板上是 PbO_2；负极板上是 Pb。

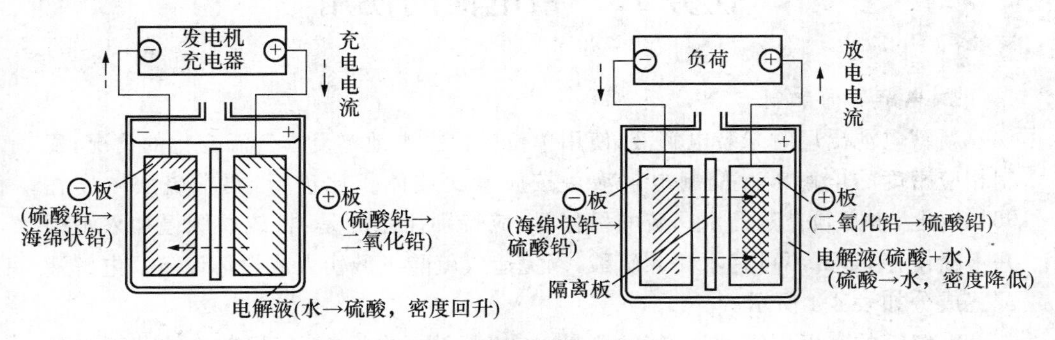

图 4-5　蓄电池的工作原理

2. 放电过程

$Pb + PbO_2 + 2H_2SO_4 = 2PbSO_4 + 2H_2O$，正极板 PbO_2、负极板 Pb 均转变

为 $PbSO_4$，消耗 H_2SO_4，电解液密度减小。

蓄电池连接外部电路放电时，稀硫酸即与阴、阳极板上的活性物质产生反应，生成新化合物硫酸铅。放电过程硫酸成分从电解液中释出，放电愈久，硫酸浓度愈稀薄。所消耗之成分与放电量成比例，只要测得电解液中的硫酸浓度，亦即测其密度，即可得知放电量或残余电量。

3. 充电过程

$2PbSO_4+2H_2O \!=\!=\!= Pb+PbO_2+2H_2SO_4$，$PbSO_4$ 在负极板上被还原为海绵状的 Pb；在正极板上被氧化为 PbO_2，生成 H_2SO_4，电解液密度逐步上升。转变完成后，蓄电池就充足了电。

由于放电时在阳极板和阴极板上所产生的硫酸铅会在充电时被分解还原成硫酸，铅及过氧化铅，因此电池内电解液的浓度逐渐增加，亦即电解液之密度上升，并逐渐回复到放电前的浓度，这种变化显示出蓄电池中的活性物质已还原到可以再度供电的状态。当两极的硫酸铅被还原成原来的活性物质时，即等于充电结束。之后阴极板就产生氢，阳极板则产生氧，充电到最后阶段时，电流几乎都用于水的电解，因而电解液会减少，此时应以纯水补充。

实训准备

1. 集队点名，教师检查学生穿着工作服情况；
2. 教师集中讲解安全操作规程。

任务 12 蓄电池的使用

1. 电解液的配制

新蓄电池出厂时未装电解液，使用单位应根据本地冬夏季气温变化的情况，配制相应密度的电解液。配制电解液可按质量比或体积比进行，要求硫酸浓度在95%以上，水必须是蒸馏水。硫酸稀释时，应特别注意的是：将硫酸缓慢加入水中并不断搅拌，千万不可将水注入硫酸，以免造成硫酸飞溅伤人或损坏设备。电解液配置成分如表 4-4 所示。

电解液的密度用密度计测量，测量时，如不是标准温度(15℃)，应按照下面的公式修正换算：

$$电解液密度=实测密度+0.0007\times(环境温度-15)$$

表 4-4　电解液配置成分

15℃时的密度/(g/cm^3)	质量比/%		体积比/%	
	蒸馏水	浓硫酸	蒸馏水	浓硫酸
1.240	68.0	32.0	78.4	21.6
1.250	66.8	33.2	77.4	22.6
1.260	65.5	34.5	76.4	23.6
1.270	64.4	35.6	75.4	24.6
1.280	63.2	36.8	74.4	25.6
1.290	62.0	38.0	73.4	26.6
1.30	60.9	39.1	72.4	27.6

电解液加入蓄电池之前，温度不得超过 30℃，加入电解液液面应高于极板顶部 15 mm。加入电解液后，蓄电池应静置 6～8 h，待电解液温度低于 30℃时，才能充电。

2. 蓄电池的充电方法

无论是新蓄电池、修复的蓄电池、正在使用的蓄电池以及存放的蓄电池，都必须进行充电，这是关系到蓄电池的容量及寿命的问题。蓄电池的充电方法有常规充电和快速充电两种，常规充电方法又分为定电流充电和定电压充电两种。

(1)定电流充电　蓄电池在充电的过程中，充电电流保持不变，而随着蓄电池电动势逐渐提高，逐步增加充电电压的方法。当充到蓄电池单格电压升到 2.4 V(电解液开始冒气泡)时，再将充电电流减小一半后保持恒定，直到蓄电池完全充足。特点：充电的时间长，要调电压，充电充足。

一般使用充电机对蓄电池进行充电时，常采用这种定电流充电法。因为该方法具有较大适用性，可任意选择和调整电流，适用于各种不同条件下(新蓄电池的初充电，使用中的蓄电池补充充电以及去硫充电等)的蓄电池充电。其主要缺点是充电时间长，需经常调节充电电流。

(2)定电压充电　在充电过程中，加在蓄电池两端的电压保持不变，称为定电压充电。发电机对蓄电池充电即为定电压充电。其特点：充电开始时充电电流很大，随着蓄电池电动势的不断提高，充电电流逐渐减小，充电结束时充电电流将自动减小到零，因而不需要人照管。同时由于定电压充电速度快，4～5 h 内蓄电池就获得本身容量的90%～95%，比定电流充电时间大大缩短，所以特别适合对具体不同容量的蓄电池进行充电。其主要缺点：不能调整充电电流，因而不能保证蓄电池彻底充足电，不适合初充电和去硫化充电。

(3)脉冲快速充电　充电初期采用大电流，使电池在一个较短的时间内达到额定容量的60%左右。当单格电压上升到2.4 V，电解液开始分解冒出气泡时，由于控制电流作用，停止大电流充电，进入到脉冲期。在脉冲期，先停止充电24～40 ms，接着再放电或反充电，使电池反向通过一个较大的脉冲电流，以消除浓差极化和极板孔隙形成的气泡，然后停放25 ms，最后按脉冲期循环充电直到充足。

该充电方法的优点：充电快，即充电时间大大缩短。缺点：由于充电速度快，析出的气体总量虽减少，但出气率高，对极板活性物质的冲刷力强，故使活性物质易脱落，对极板的使用寿命有一定影响。下列蓄电池不能进行脉冲充电：①未经使用过的新电池；②液面高度不正确的蓄电池；③各单格电解液密度不均匀的蓄电池，各单格电压差大于0.2 V；④电解液混浊并带褐色的蓄电池；⑤极板硫化；⑥充电时，电解液温度超过50℃的蓄电池。

3. 充电种类

(1)蓄电池的初充电　新普通蓄电池或修复(更换极板)后的蓄电池在使用之前的首次充电为初充电。具体操作步骤如下：

①检查蓄电池外壳有无破裂，拧下加液口盖的螺塞，检查通气孔是否畅通。

②根据不同季节和气温选择电解液密度，将适当密度、温度低于30℃的电解液从加液孔处缓缓加入蓄电池内，液面要高出极板上沿10～15 mm。测量方法如图4-6所示。

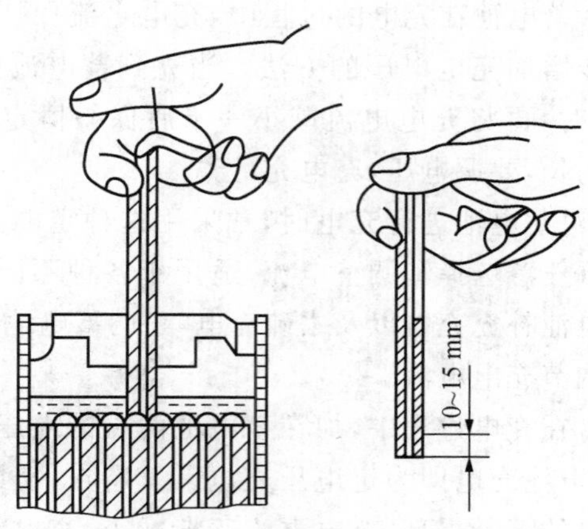

图 4-6　电解液液面高度的检查

③蓄电池加入电解液后，静置 3～6 h，让电解液充分浸渍极板。此时由于电解液充分渗透到极板内部，容器里的电解液减少，液面下降，应再加入电解液把液面调整到规定值。待蓄电池内温度低于 30℃时，将充电机与蓄电池相连，准备充电。

④初充电按充电规范进行，因为新蓄电池在存储中可能有一部分极板硫化，充电时容易过热，所有初充电的电流选用的较小，充电分两个阶段进行。第一阶段充电电流约为蓄电池额定容量的 1/5，充电至电解液中有气泡析出，蓄电池单格端电压达到 2.4 V；第二阶段充电电流约为蓄电池额定容量的 1/30。充电规范如表 4-5 所示。

表 4-5　蓄电池充电规范

蓄电池型号	初充电				补充充电			
	第一阶段		第二阶段		第一阶段		第二阶段	
	电流/A	时间/h	电流/A	时间/h	电流/A	时间/h	电流/A	时间/h
3-Q-75	5	20～35	3	20～30	7.5	10～11	4	3～5
3-Q-90	6		3		9		5	
3-Q-105	7		4		10.5		5	
3-Q-120	8		4		12		6	
3-Q-135	9		5		13.5		7	
3-Q-150	10		5		15		7	
3-Q-195	13		7		19.5		10	
6-Q-60	4		2		6		3	
6-Q-75	5		3		7.5		4	
6-Q-90	6		3		9		4	
6-Q-105	7		4		10.5		5	
6Q-120	8		4		12		5	

充电过程中，应经常测量电解液的密度和温度。可以使用密度计检查电解液的相对密度。

充电初期密度会有降低情况，不需要调整，当液面高度低于规定值时，用相同密度的电解液调至规定值。如果充电时电解液的温度上升到 40℃时，则应停止充电或将充电电流减半。如果温度继续上升到 45℃时，则应停止充电，采用水冷或风冷的办法实行人工降温，待温度降至 35℃以下时再继续充电。整个充电过程大约需要 60 h，初充电过程中，如减少充电电流则应适当延长充电时间。

⑤初充电接近终点时，如果电解液密度不符合规定，应用蒸馏水或稀硫酸进行调整，再充电 2 h，直至蓄电池单格端电压上升到最大值，而且在 2～3 h 内不再增加，并产生大量气泡，电解液呈“沸腾”状态。这时蓄电池已充满电，应切断电源，以免过充电。

⑥新蓄电池充满电后，应以 20 h 放电率放电，如 3-Q-90 型蓄电池以 4.5 h 电流连续放电至单格电压 1.75 V，再按表中补充充电的电流值充足，又以 20 h 放电率放电，如第二次放电时蓄电池容量不小于额定容量的 90%，即可进行最后一次充电，便可送出使用。放电的方法如下：使充足电的蓄电池休息 1～2 h，使用可变电阻（或水电阻），也可以用车用灯泡做负载进行放电。先以蓄电池额定容量的 1/20连续放电，放电开始后每隔 2 h 测量一次单格电压，当单格电压降至 1.8 V 时，每隔 2 min 测一次电压，单格电压降到 1.75 V 应立即停止放电。

（2）蓄电池的补充充电　蓄电池在使用中，如果发现启动机运转无力、灯光比平时暗淡或者对于冬季放电超过 25%、夏季放电超过 50%以及储存不用近一个月的普通蓄电池，都必须进行补充充电。另外由于农业机械上使用的蓄电池进行的是定电压充电，不可能使蓄电池充电充足，为了有效防止硫化，最好 2～3 个月进行一次补充充电。补充充电的具体步骤如下：

①从机械上拆下蓄电池，清除蓄电池盖上的脏污，疏通加液孔盖上的通气孔，清除极桩和导线接头上的氧化物。

②拧下加液孔盖，检查电解液的液面高度，如果高度不符合规定要求，应添加蒸馏水，但如果确定是电解液溢出导致液面下降，则应用密度为 1.40 g/cm^3 的稀硫酸调配，电解液液面高出极板上缘 10～15 mm。

③用高率放电计检查各单格电压的放电情况，要求蓄电池的各个单格电池读数（电压值）基本一致。高率放电计如图 4-7 所示，高率放电计测量蓄电池的单格电压如图 4-8 所示。

④将蓄电池与充电机相连。补充充电也应按表 4-5 所示的充电规范进行，一共分两个阶段：第一阶段的充电电流约为蓄电池额定容量的 1/10，充至单格电压为 2.3～2.4 V；第二阶段的充电电流约为容量的 1/20，充至单格电压为 2.5～2.7 V，电解液密度达到规定值，并且在 2～3 h 内基本不变，蓄电池内产生大量气泡，电解液呈“沸腾”状态，此时表示电池电已充足，时间约为 15 h。

⑤将加液口盖拧紧，擦净蓄电池表面，便可使用。

（3）间歇过充电　蓄电池充电终了后，继续充电是有害的，但考虑到蓄电池在机械上经常处于充电不足或部分放电状况，可能产生硫化现象，因此每隔一定时间，在完成补充充电的基础上，应进行一次预防硫化的过充电，即有意识地把充电时间延长，让蓄电池充电更彻底些，以消除可能产生的轻微硫化。

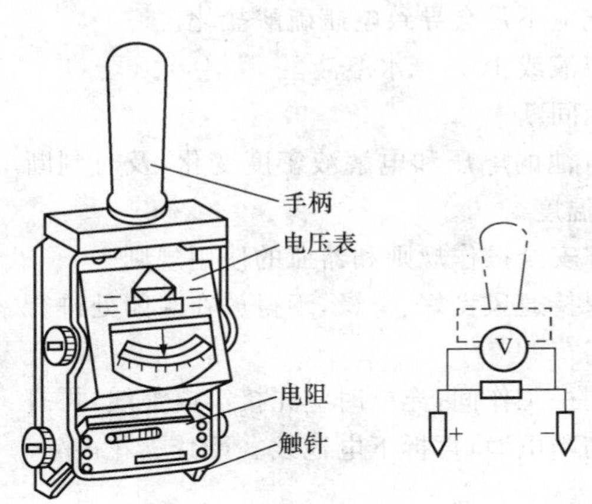

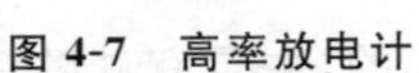
图 4-7　高率放电计

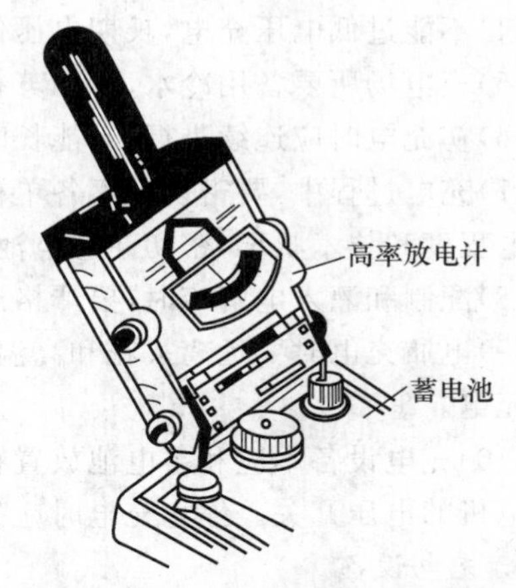

图 4-8　高率放电计测量蓄电池的单格电压

操作方法：在正常的补充充电后，停止 1 h，再用第二阶段的电流继续充电，直到电解液大量地冒气泡时，再停止 1 h，然后再恢复第二阶段的充电，如此循环，直到一接通充电电源，蓄电池在 1～2 min 内就出现大量气泡为止。

(4)循环锻炼充电　循环锻炼充电是为了使极板的活性物质得以充分利用，保证蓄电池容量不下降的一种方法。在蓄电池正常补充充电（或间歇充电）之后，用 20 h 放电率进行放电，然后再实施正常补充充电。一般要求循环锻炼后的蓄电池容量应达到额定容量的 90％以上，否则应进行多次充放电循环。

(5)去硫充电　蓄电池发生硫化现象时，内阻将显著增大，充电时温升也较快。硫化严重的蓄电池就只能报废，硫化程度较轻的可以用去硫充电法加以消除。方法如下：

①首先倒出原有的电解液，并用蒸馏水清洗两次，然后再加入足够的蒸馏水。

②接通充电电路，将电流调到初充电的第二阶段电流值进行充电，当密度上升到 1.15 g/cm^3 时倒出电解液，换加蒸馏水再进行充电，直到电解液密度不再增加为止。

③以 10 h 放电率放电，当单格电压下降到 1.7 V 时，再以补充充电的电流进行充电、再放电、再充电，直到容量达到额定值 80％以上，即可使用。

4. 充电注意事项

(1)充电电压不能太高或太低，应保持在 13.8～14.5 V。

(2)不能过长时间对电瓶充电,长期过充会导致电解液干枯和电瓶温度高升引起爆炸。

(3)不要过大电压对电瓶充电,电压过高会导致电解液损耗。

(4)不能过低电压充电,长期电压低充电不足会导致电瓶硫酸盐化。

(5)充电场所要备用冷水、10%苏打溶液或10%氨水溶液。

(6)初充电时应连续进行,不能长时间间断。

(7)充电过程中,要密切观察各单格电池的电压和电解液密度变化,及时判断其充电程度和技术状况,密切注意电池的温度。

(8)配制和灌入电解液时,要严格遵守安全操作规则和器皿的使用规则。

(9)电瓶充电时要远离火花和高温,保持通风良好、干燥,不得放在封闭处进行电瓶充电。

(10)充电设备不应和蓄电池放置在同一工作间,充电时应先接牢电池线,再打开充电机的电压开关。停止充电时应先切断电源,再拆下电池线。严禁火花产生。

5. 充电设备

蓄电池的充电设备都是由交流电源和整流器组成的,主要有硅整流充电机和快速充电机两类。

(1)硅整流充电机　目前使用较多的有GCA系列硅整流设备,这种变换交流电为直流电的设备,专供汽车运输部门、修理厂、修配厂、修配站及蓄电池充电站作为蓄电池补充电能用。具有操作简单,体积小,重量轻,维护方便,整流效率高,寿命长,价格低等优点。

(2)快速充电机　用常规的充电方法,完成一次初充电需要60～70 h,补充充电需20 h左右,由于充电的时间长给使用带来不便。但是单纯加大充电电流来缩短充电时间是不行的,因为这样不仅在充电时蓄电池达不到额定容量,反而会使蓄电池升温快,产生大量气泡,造成活性物质脱落而影响寿命。快速脉冲充电机采用自动控制电路对蓄电池进行正、反向脉冲充电,可提高充电效率,蓄电池补充充电只需1～2 h。

脉冲快速充电机的优点是充电时间短,空气污染小,节约电能等。因此,在蓄电池集中、充电频繁或应急使用部门,其优点更显突出。蓄电池快速脉冲充电前,应先检查电解液的密度,并根据其全充电状态时的密度值,计算蓄电池的剩余容量,以确保初充电时间,并将充电设备上的定时器调到相应时间上。多数快速充电机设备都装有温度传感器,将其插入蓄电池的加液孔中,当电解液温度超过50℃时,设备会自动停充。

6. 蓄电池的储存

(1)未灌电解液蓄电池的储存

①干燥、通风,室温5～40℃;

②避免暴晒,远离热源;

③按行存放于木架之上;

④旋紧加液孔盖,通气孔密闭。

(2)蓄电池的干法储存

①先将其充足电,再按20 h放电率放电至单格电压为1.75 V;

②倒出电解液,加入蒸馏水,3 h后更换蒸馏水,反复进行至浸不出酸来为止;

③倒干蒸馏水,旋紧加液孔盖,通气孔密闭。

(3)带电解液的蓄电池的储存

①将其充足电,旋紧加液孔盖;

②室内应通风干燥,室温5～30℃;

③定期补充充电。

(4)冬季使用蓄电池时的注意事项

①应特别注意保持其处于充足电状态,以防结冰;

②冬季补加蒸馏水应在充电时进行,以防结冰;

③冬季容量降低,发动机启动前应进行预热,每次启动时间不超过5 s,每次启动间隔应有15 s;

④冬季气温低,蓄电池充电困难,应经常检查蓄电池存电状况。

任务13　蓄电池使用注意事项

为了使蓄电池经常处于完好状态,延长使用寿命,必须认真保养和正确使用。在使用蓄电池时需要注意以下几点:

(1)“天天用车,天天充电”。铅酸蓄电池没有记忆,所以容量快速减少主要是蓄电池硫化和“失水”、“亏电”等一些原因,蓄电池最怕的就是“亏电”欠压,蓄电池常“亏电”,电池极板极易受伤。调查发现有高达70%的电动车电池容量减少因电极板被放电时的强电流(启动电流)拉伤所致,电极板拉伤属于电池物理损伤,这种损伤无法修复。因此“天天用车、天天充电”,保证蓄电池随时有充足的电压就成为必然。

(2)定时补充蒸馏水。用户普遍以为,免维护蓄电池不用加水,其实这种说法是错误的。免维护蓄电池在充电和大电流放电过程中会产生热量,有热量就会有水分蒸发,尽管水蒸发的过程十分缓慢,但时间一长,累计水蒸发的量就不容小视。因此每6个月左右应该给蓄电池补水一次,这样蓄电池的使用寿命才会延长。

(3)每季对电瓶深度放电一次。蓄电池在使用了一段时间后必然会有一些活性物质下沉,如果活性物质不及时激活,势必会对蓄电池的容量造成一些影响。因此,要做到每季对蓄电池深度放电一次。

(4)经常观察充电器的好坏。新电池充电过程一般都是6～8 h,充满电后充电器会亮绿灯,如果充电时间过长就要检查充电器电压保护装置是否坏损,如果坏损就需要及时的调换充电器,否则极易充坏蓄电池。另外,不要购买快速的充电器,快速充电同样对蓄电池极板有伤害。

(5)长期不使用蓄电池时每月至少要给蓄电池充电一次。这样做的目的就是防止蓄电池放置时间过长而引起蓄电池硫化和“亏电”。

(6)防止蓄电池暴晒。暴晒会使电池温度升高,因此要注意。

(7)尽早使用电瓶保护器。电瓶保护器也就是脉冲发生器,因脉冲不间断地消除电瓶硫化,使极板始终保持“洁净”,从而达到延长电瓶使用寿命的效果,但对大电流损伤电池极板作用不大(如有的电摩使用带脉冲的充电器,结果电瓶延寿效果不明显),必须增加新技术加以改进。

(8)保持外部清洁,防止间接短路和电极接线柱腐蚀,导致自行放电。

(9)安装应牢固可靠,与机身接触处应加减震垫。

(10)经常检查蓄电池外壳有无电解液渗漏,电极接线柱与接线头的连接是否紧固。

(11)经常清除蓄电池盖上的污物,保持通气孔畅通,清除极桩和电缆线接头上的氧化物。

(12)使用启动机时,每次启动时间不超过5 s,两次启动之间的时间间隔应大于30 s,连续启动不超过3次。

(13)定期检查电解液液面高度,液面不足时应加蒸馏水调整。

(14)定期检查蓄电池充放电程度,检查方法有两种:一种是用密度计测量电解液相对密度,从而测定蓄电池的充放电程度;另一种是使用高率放电计。

(15)及时调整电解液密度,由秋季进入冬季时,应将电解液适当调浓,以防结冰;由冬季进入春季时,应将电解液密度调稀。

(16)拆卸或安装蓄电池的正负极电缆时,应先拆下或后装上搭铁线,以防金属工具搭铁造成蓄电池短路损坏。

(17)蓄电池正负极不可接错,下列特征可供判断:蓄电池的极桩上有正(+)、负(—)极标识;涂红漆为正极;面对铭牌时,左上角为正极桩;若标识模糊不清时,正极桩颜色较深;在用蓄电池时,正极桩上的氧化物多于负极桩。此外,也可以用万用表测量电压,指针摆向负极桩。

任务14　蓄电池的检测

1. 通过观察孔判断蓄电池技术状况

对于无加液孔的全密封免维护蓄电池,内部一般装有一只小型密度计,通过顶端的检查孔观察其颜色可判断蓄电池的技术状况。观察孔能看见的颜色有绿色、黄色和黑色。绿色是电量充足,黄色是略微亏电,黑色是不能用了要更换。蓄电池里面是铅板和硫酸,所以轻易不要去摸外壳损坏的电瓶。

2. 电解液液面高度的检查

对于塑料壳体的蓄电池,可以直接通过壳体上的液面线检查。壳体前侧面上标有两条平行的液面线,电解液应保持在高、低液面线之间,电解液不足应加注蒸馏水。

对于不能通过壳体上液面线进行检测的蓄电池,可以用玻璃管测量液面高度。检测方法:找一根内径4~6 mm、长150 mm的玻璃管,垂直插入加液口内,直至极板上缘为止,然后用拇指压紧管的上口,用食指和中指夹出。玻璃管中吸取的电解液的高度即为蓄电池内电解液平面高出极板的高度,应为10~15 mm(图4-6)。最后再将电解液放入原单格电池中。如果液面较低,应加注蒸馏水(或电瓶水)到规定高度处,在拧开盖时应注意清洁。

3. 蓄电池放电程度的检查

(1)用密度计测量电解液密度　用密度计测试电解液密度是最直接的一种测试方法。吸取蓄电池中的电解液,直到浮子浮起,然后检查浮子高度和浮子刻线之间的关系,可读出电解液密度的数值,如图4-9所示。

也可以通过浮子彩色的标记来判断蓄电池放电程度:①电解液处于黄色区域,说明电量充足;②电解液处于绿色区域,说明电量比较充足;③电解液处于红色区域,说明蓄电池必须充电。

(2)用蓄电池高功率放电计测量蓄电池空载端电压　将点火开关置于关闭状态,按压高功率放电计测试开关保持5 s后放开,待测试仪上的指针静止不动后读出读数,此读数即为蓄电池的端电压。如果电压<12 V,则需要对蓄电池进行维

护;电压<11 V,则需要更换蓄电池。

(3)蓄电池电极桩的检测　如图 4-10 所示,将电压表正表笔接到蓄电池的正极极桩上,负表笔接到正极桩电缆线的线夹上,接通启动机,使启动机带动发电机工作,这时电压表的读数不大于 0.5 V,否则说明极桩与线夹接触不良,将产生启动困难。当极桩与线夹接触不良时,若是极桩表面氧化,应清除氧化物;若是接触松动,应重新紧固线夹。

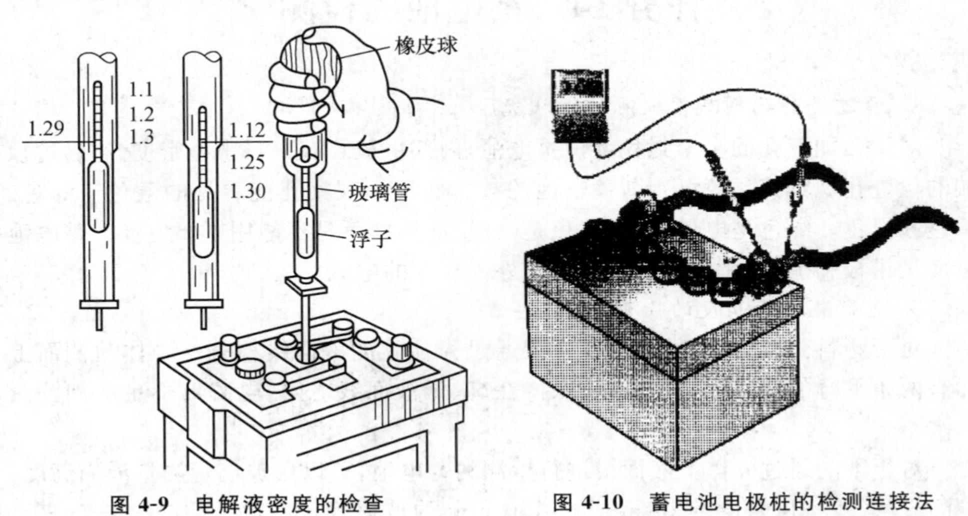

图 4-9　电解液密度的检查　　图 4-10　蓄电池电极桩的检测连接法

任务 15　蓄电池的常见故障及排除方法

蓄电池在使用中所出现的故障,除材料和制造工艺方面的原因之外,在很多情况下是由于维护和使用不当而造成的。蓄电池常见的故障分外部故障和内部故障。外部故障有壳体或盖裂纹、封口胶开裂、连接条烧断、接触不良、极柱腐蚀、蓄电池爆炸等。蓄电池的内部故障有极板硫化、活性物质脱落、极板短路、自行放电和极板拱曲等。

1. 蓄电池常见内部故障

(1)极板硫化

故障现象:蓄电池长期充电不足或放电后长时间未充电,极板上会逐渐生成一层白色粗晶粒的硫酸铅,在正常充电时不能转化为二氧化铅和海绵状铅,这种现象称为“硫酸铅硬化”，简称“硫化”。

危害：这种粗而坚硬的硫酸铅晶体导电性差、体积大，会堵塞活性物质的细孔，阻碍电解液的渗透和扩散，使蓄电池的内阻增加，启动时不能供给大的启动电流，以致不能启动发动机。硫化的极板表面上有较厚的白霜，充、放电时会有异常现象，放电时蓄电池容量明显下降，用高率放电计检查时，单格电压急剧降低；充电时单格电压上升快，电解液温度迅速升高，但密度却增加很慢，且过早出现“沸腾”现象。

故障原因：

①蓄电池长期充电不足或放电后未及时充电，当温度变化时，硫酸铅发生再结晶。

②电池内液面太低，使极板上部与空气接触而强烈氧化（主要是负极板）。

③电解液相对密度过高，电解液不纯，外部气温剧烈变化时也将促进硫化。

故障检查与排除：为了避免极板硫化，蓄电池应经常处于充足电状态，放完电的蓄电池应及时送去充电，电解液相对密度要恰当，液面高度应符合规定。

对于轻度硫化的蓄电池，可用小电流充电的办法去除硫化现象。具体步骤是：

①硫化蓄电池以 10 h 放电率进行放电。

②倒出电解液，重新注入密度为 1 040 kg/m^3 的电解液。

③以蓄电池容量的 1/30 作为充电电流进行充电。

④当电解液密度上升至 1 150 kg/m^3 时停止充电，倒出电解液，再加入密度为 1 040 kg/m^3 的电解液，继续以相同的电流进行充电。如此反复直到电解液的密度不再上升为止。

⑤换用正常密度的电解液，进行补充充电和充放电循环，最后充足电即可使用。

对于严重硫化的蓄电池，采用加盐充电的方法。具体步骤是：

①蓄电池以 10 h 放电率进行放电。

②拆开电瓶，用蒸馏水清洗内部，用洁净水清洗极板组和外壳，更换损坏的隔板。

③重新装复电瓶，注入密度为 1 100 kg/m^3 的电解液，并以每升电解液 2～5 g 的比例加入硫酸钠或硫酸钾等。

④以电瓶容量的 1/16 作为充电电流进行充电。

⑤以 10 h 放电率再次放电以检查蓄电池容量。若容量达不到额定容量的 80％以上，则应反复进行直到合乎标准为止。

⑥充电结束后，根据使用环境调整电解液的密度和液面高度。

(2)自行放电

故障现象:充足电的蓄电池,放置不用会逐渐失去电量,这种现象称为蓄电池的“自行放电”。一般规定:对于充足电的蓄电池,如果每存放1 d,自行放电率不超过容量的2%时,就是正常的自行放电,超过2%时就是有故障了。

故障原因:

①电解液杂质含量过多,这些杂质在极板周围形成局部电池而产生自行放电。

②蓄电池内部短路引起的自行放电。

③蓄电池盖上洒有电解液时,会造成自行放电,同时还会使极柱或连接条腐蚀。

故障检查与排除:首先清除蓄电池外部堆积物,然后关掉各用电设备,拆下蓄电池的一个接线柱的导线,将线端与接线柱划火。如有火花,应逐步检查有关导线,找出搭铁短路之处。如无火花说明故障在蓄电池内部,可用电解液密度计抽出部分电解液,检查密度并观察电解液是否混浊,混浊说明活性物质脱落严重。必要时可用高率放电计检查电压情况,等几小时后再检查一次,如果电压值有所下降,说明蓄电池内部有短路,应拆检。拆检后,电解液的配制应符合要求,并使液面不致过高,使用中还应经常保持蓄电池表面的清洁。自行放电严重的蓄电池,可将它完全放电或过度放电,使极板上的杂质进入电解液,然后将电解液倾出,用蒸馏水将电池仔细清洗干净,最后灌入新电解液重新充电。

(3)极板短路　蓄电池正、负极板直接接触或被其他导电物质搭接称为极板短路。

故障现象:极板短路的外部特征是开路电压较低,大电流放电时端电压迅速下降,甚至到零;充电过程中,电压与电解液相对密度上升缓慢,甚至保持很低的数值就不再上升了,充电末期气泡很少,但电解液温度却迅速升高。

故障原因:隔板损坏、极板拱曲或活性物质脱落都会造成极板短路。隔板质量不高或损坏使正负极板相接触而短路;活性物质在蓄电池底部沉积过多、金属导电物落入正负极板之间也将造成蓄电池内部极板短路。

故障检查与排除:对于短路的蓄电池必须拆开,更换破损的隔板,消除沉积的活性物质,校正或更换弯曲的极板组等。

2. 蓄电池常见外部故障

(1)外壳破裂

故障现象:外壳破裂严重时,可以直接观察出来,但细纹小不易看出,可用打气法检查。

故障原因:蓄电池的固定螺母旋得过紧,行车剧烈震动,外物击伤,蓄电池温度过高和电解液结冰等。

故障检查与排除方法:根据蓄电池电解液液面以及蓄电池底部的潮湿情况来判断蓄电池容器是否有裂纹存在,容器的裂纹一般在其上口近四角处。蓄电池容器裂纹轻者可以修补,重者需要更换。

(2)封口胶破裂

故障原因:封口胶中沥青百分比太高,在低温或受到强烈振动、撞击时极易出现裂缝,溢出电解液,引起自行放电、硫化等故障。

故障检查与排除方法:对封口胶破裂的修补,若是裂缝较小,可用热的小铁铲或电烙铁烫合;如果裂缝较多或裂口过大,应铲除原封口胶,并重新浇注封口胶。

封口胶的配置:沥青67%,润滑机油14%,石棉粉19%。将沥青化成稀稠状,加润滑机油,边加边搅拌,至均匀后,去火。再加入石棉粉,充分搅拌,趁热烧封封口即妥。

(3)连接条烧断

故障现象:全车无力。

故障原因:多为连接条有缺陷,电启动机连线搭铁以及蓄电池正、负极短路。

故障检查与排除:对外装连接条式蓄电池可以直接看出;对穿壁跨接连接条式蓄电池,则可用电压测试法测出。发现连接条烧断,对外装连接条式蓄电池,可重新浇制连接条,对穿壁跨接连接条式蓄电池,只能报废处理。

(4)极桩腐蚀　正确处理的方法是拆下桩头,以碱性除污清洁剂来喷洗铅桩头及电线接头,等到擦拭干净后,在上面涂上一层薄黄油或凡士林油,最后用扳手将电线接头在桩头上接紧。为了避免冒出火花,在拆电瓶桩头之前,要将所有车内电器及点火关闭,而且必须先拆负极桩头,再拆正极桩头。

(5)蓄电池爆炸

故障原因:蓄电池充电后期,电解液会分解为氢气和氧气。由于氧气可以助燃,如果气体不及时逸出,与明火接触会立即燃烧,从而引起爆炸。

故障检查与排除:为了防止蓄电池发生爆炸事故,蓄电池加液孔螺塞的通气孔应经常保持畅通,禁止蓄电池周围有明火,蓄电池内部连接处的焊接要可靠,以免松动引起火花。

任务16　蓄电池的修复

对整组蓄电池(串联)同时进行修复难度大(电池硫化的除外),只要电池组内有一节电池属物理损伤,使用修复仪器效果就不明显,但是分开电池组,一节一节电池单独地进行修复，不仅可以检测电池坏损类型，也可以采取不同的方法进行修复，所以修复电池关键是修复单体电池（一般为 12 V），下面就简单地介绍几种修复法：

1. 脉冲修复法

蓄电池消除硫化比较好的方法就是采用脉冲修复法。在修复蓄电池时，脉冲的瞬间电压一般根据产品所体现的功能需要，采取 60～300 V，如用于蓄电池延寿的产品脉冲电压值就不宜过大，专门用于蓄电池修复产品的脉冲电压值就可以偏大（如果脉冲电压值太大对电池极板会造成损伤）。脉冲电压高，蓄电池修复时间短，脉冲电压低，蓄电池修复时间相对就长。尽管脉冲瞬间的电压很高，但平均电压并不高，对人体没有伤害，十分安全。从固体物理上来讲，任何绝缘层在足够高的电压下都可以被击穿。一旦绝缘层被击穿，粗大的硫酸铅就会呈现导电状态。如果对高电阻率的绝缘层施加瞬间高电压，也可以击穿大的硫酸铅结晶。如果这个高电压足够短，并且进行限流，在打穿绝缘层的条件下，充电电流不大，也不至于形成大量析气。电池析气量正相关于充电电流和充电时间，如果脉冲宽度足够短，占空比足够大，就可以在保证击穿粗大硫酸铅结晶的条件下，同时发生的微充电来不及形成析气。这样就实现了脉冲消除硫化。

市场上有专门的脉冲发生器销售，但要注意选择效果好的一种。脉冲与蓄电池极板的谐振很重要，这就取决于脉冲频率大小、幅度宽窄，脉冲频率和幅度不够就达不到消除硫酸结晶的效果，频率和幅度太大则会出现消除了硫化而损伤了电极板，并出现析气现象；同时，脉冲波形也有很多种，在示波器上可以显示。好的脉冲波在无损电池的前提下，能够有效地击穿绝缘层，将粉碎后的硫酸结晶粉末还原于电解液中。这就像人们碎石块一样，面对一块大石块，是用洋镐有效还是用锄头有效？一看便知。

2. 强电修复法

强电修复法就是采取充电时的持久高电压或大电流修复蓄电池的方法，多在脉冲修复法效果不明显时采用。其一，高电压修复法：这种方法主要是采取电池标称电压的 1.3～1.5 倍的充电电压修复电池，如 36 V 蓄电池在充电电流不变或接近的条件下，采用 48 V 的充电器进行充电。充电时间要掌握分寸，不宜过长，否则电池会因析气发热。此方法对短路、极板软化程度不高的蓄电池具有一定的修复作用，但使用不当对电池极板压点也会造成伤害。其二，大电流修复法：这种方法主要是采取高于平时充电电流 1.5～2.0 倍的充电电流来修复蓄电池，如 20 A・h 的蓄电池使用 3～4 A 的充电器进行充电，利弊与“高电压修复法”一样。

3. 全充全放电修复法

全充全放电修复法就是对蓄电池完全充满电后，再完全放电修复蓄电池的方法。全充全放电修复法主要是对轻度损伤的蓄电池具有一定的修复作用，同时此方法还可以有效地激活电瓶深层的活性物质，提高蓄电池容量。如轻度硫化的电池，内阻较高的电池。此法的关键是放电一定要充分，并且是对每节单体电池进行单独的充分放电。全充全放电 1～2 次，蓄电池的容量一般都能得到提升。全充全放电修复法最少半年使用一次，但不得经常使用，最多 3 个月使用一次。

4. 补水修复法

对蓄电池“失水”采取补水的方法便可修复，其目的是稀释浓度提高的硫酸正常进行电解反应。补水方法较为简单，打开蓄电池上盖，可以看见有 6 个圆孔，向每个圆孔注射一定量的蒸馏水，再浸泡 24 h 以上就可以了。补水只可以补充蒸馏水，不可以添加其他成分的水，包括纯净水。因为其他成分的水中有各种金属离子，加入电瓶内后容易引起自放电而损坏电池。

5. 重新配组修复法

电动车电池一般是由几节电池串联而成的电池组，电池坏损是多方面的，可能电池会同时存在几个方面的损伤。对于硫化的电瓶，修复后使用效果较好；但是对于极板软化以及断隔的电瓶，即使可以修复，因属物理硬伤，可再利用价值不大，修复后的使用时间也极短，再修复的效果将会更差。最好的方法就是把修复价值不大的电瓶“以旧换旧（换成容量还有 80％以上的旧电池）”，再和其他剩余几节电池重新配组即可。

以上分几个部分比较全面地介绍了电瓶损伤、修复、保养的相关技术和知识，这是根据我们多年的经验和市场反馈信息写成的，文章用语简单、外行一看就懂。同时，我们也从侧面真诚地向读者揭开了电动车电池修复技术的神秘面纱，也就是电瓶修复可采取很多方法，但不是对所有损伤的电瓶都有效，硫化和小毛病的电瓶经修复后有效；极板轻度软化、短路、断隔经修复后可能会短暂的有效，就像回光返照一样，使用时间不长又会降到了原处；还有些损伤很严重的电池，修复基本无效。介绍这些知识，主要是便于读者初步地认识这个行业，在电瓶保养和修复上作出正确的选择。

项目考核

1. 考核内容

（1）蓄电池的种类与型号的识别；

（2）指认蓄电池的结构名称；

(3)电解液的配制；

(4)蓄电池的充电；

(5)蓄电池的使用；

(6)蓄电池故障检查与排除训练；

(7)蓄电池的修前检查；

(8)蓄电池的正确拆卸方法；

(9)故障蓄电池的修理。

2. 考核方法

实训项目活动评价表

学生姓名：	日期：	配分	自评	互评	师评
项目名称	评价内容				
职业素养考核项目40%	劳动保护穿戴整洁	6分			
	安全意识、责任意识、服从意识	6分			
	积极参加教学活动，按时完成学生工作页	10分			
	团队合作、与人交流能力	6分			
	劳动纪律	6分			
	实训现场管理6S标准	6分			
专业能力考核项目60%	专业知识查找及时、准确	15分			
	操作符合规范	15分			
	操作熟练、工作效率	12分			
	实训效果监测	18分			
		总分			
总评	自评(20%)＋互评(20%)＋师评(60%)		总评成绩		

3. 考核评分标准

(1)正确熟练　赋分为满分的90%～100%。

(2)正确不熟练　赋分为满分的80%～90%。

(3)在指导下完成　赋分为满分的70%～80%。

(4)不能完成　赋分为满分的70%以下。

综合性思考题

一、填空题

1. 蓄电池在搬运过程中要注意，不要在地上________，在汽车上应用固定支架固定，防止行车振动而移位。

2. 要定期检查蓄电池的________，如发现电解液不足要及时________。冬季补加蒸馏水时必须在________情况下进行，避免水和电解液混合不均而结冰。

3. 蓄电池的极柱应涂上________，防止极柱腐蚀生成氧化铜。

4. 高率放电仪是测量蓄电池________技术状况的专用仪表，其结构就是一个电压表外部________着大功率低阻值的仪器。

5. 极板硫化的特征是：极板表面有一层________。

6. 去硫化充电工艺中不断加入的溶液是________。

7. 当往车上装蓄电池时，应先接________电缆线，再接________电缆线，以防工具搭铁引起强烈点火花。

8. 在________A电流下，1台120 A·h蓄电池可以放电30 h。

9. 汽车上有两个电源：一个是________，一个是________。

10. 普通型铅酸蓄电池充足电时，正极板上的活性物质主要是________，负极板上的活性物质主要是________。

11. 蓄电池是一种储存电能的装置，一旦连接外部负载或接通充电电路，便开始了它的能量转换过程。在放电过程中，蓄电池中________能转变成________能；在充电过程中，________能被转变成________能。

二、选择题

1. 蓄电池的功用是(　　)；当发电机未发电或发电不足时，向用电设备供电。

A. 发电　　B. 启动发动机

C. 贮存电能　　D. 用电

2. 蓄电池由电池外壳、(　　)、隔板、连接条、电极接柱、盖板和加液孔盖、电解液等组成。

A. 电线　　B. 正负极板组

C. 调节器　　D. 发电器

3. 蓄电池不得剧烈放电，启动使用预热塞预热时间不超过(　　)s。

A. 20　　B. 40　　C. 60　　D. 80

4. 蓄电池电解液液面应保持高出极板(　　)mm。

A. 2～7　　B. 5～10　　C. 10～15　　D. 20～25

5. 蓄电池电解液密度应保持在(　　)g/cm^3。

A. 1.15～1.20　　B. 1.26～1.30

C. 1.30～1.36　　D. 1.40～1.60

6. 蓄电池电解液液面下降应添加(　　)。

A. 稀硫酸　　B. 蒸馏水　　C. 硫酸　　D. 自来水

7. 蓄电池加液孔盖上的通气孔应保持(　　)。

A. 畅通　　B. 密封　　C. 关闭　　D. 定时关闭

8. 蓄电池每格电池电压不低于(　　)V,两只电瓶新旧一致。

A. 1.2　　B. 1.5　　C. 1.7　　D. 2.5

9. 电解液面正常减少时应添加(　　)。

A. 蒸馏水　　B. 电解液　　C. 硫酸

10. 如果蓄电池酸液溅入眼内,应使用(　　)清洗。

A. 水　　B、硫酸铅　　C. 碳酸氢钠　　D. 碳酸氢钠和水

11. 蓄电池不能启动发动机,但灯和喇叭正常。技师 A 说可能是蓄电池电缆线连接处受腐蚀;技师 B 说故障在于电解液的密度是 1.280 g/cm^3。谁说得对?(　　)

A. 技师 A 说得对　　B. 技师 B 说得对

C. 技师 A 和技师 B 说得都对　　D. 技师 A 和技师 B 说得都不对

12. 蓄电池每个单格的极板组成总是(　　)。

A. 负极板比正极板多一片

B. 正极板比负极板多一片

C. 正、负极板同样多

13. 在检查蓄电池电解液液面时,其液面高度值应在(　　)为最合适。

A. 1～5 mm　　B. 10～15 cm　　C. 10～15 mm

14. 较为准确地判定蓄电池放电程度的方法是(　　)。

A. 充电　　B. 高率放电计测定

C. 使用启动机

15. 蓄电池电解液的相对密度一般为(　　)g/cm^3。

A. 1.2～1.14　　B. 1.20～1.24　　C. 1.24～1.28

16. (　　)具有储存时间长(2 年),加足电解液后,无须充电,静放 20～30 min 即可装车使用的特点。

A. 普通蓄电池　　B. 免维护蓄电池

C. 干荷蓄电池

17. 蓄电池放电末期极板上的物质是(　　)。

A. 硫酸铅　　B. 纯铅　　C. 二氧化铅

三、简答题

1. 现在车使用的都是免维护蓄电池又称MF蓄电池,这种电池有何优点？在免维护电池上有一个电解液密度观察孔,如果看到绿色代表什么？看到黑色代表什么？看到白色或者无色代表什么？

2. 简述蓄电池电解液液面高度、电解液密度检查方法。

3. 简述蓄电池的性能及放电程度检查方法。

4. 简述给蓄电池充电的操作方法。

5. 蓄电池的作用是什么?

6. 简述免维护蓄电池的结构特点。

7. 简述铅蓄电池的充电特性。

8. 蓄电池不充电的原因可能有哪些？如何判断?

9. 试写出蓄电池充放电过程总的化学反应方程式。

10. 识别蓄电池正、负极柱有哪几种方法?

11. 蓄电池正常使用中,电解液液面为什么会下降?

12. 蓄电池在使用中应做好的“三抓”和“五防”工作是什么?

13. 当启动机开关接通时,其电磁铁线圈中的保持线圈电路是如何工作的?

14. 分析蓄电池极板短路有哪几种不同情况?

15. 何谓蓄电池极板硫化?

16. 简要说明去硫化充电工艺的操作过程。

项目五　启动机的使用与维护

项目说明

本教学项目为启动机的使用与维护技能训练模块，主要是掌握启动机的结构、分类；掌握启动机的检测方法及常见故障检查与排除方法；并掌握故障启动机的修复方法。技能训练时以校内实训室和实训基地为依托，理实结合，教学做一体化。结合多媒体教学、实验观察和利用课程网站引导学生自主学习，并通过布置综合性思考题的方式，巩固学生的基础知识和基本技能。

基本知识

一、启动系统的功用及组成

启动系统指的是发动机的启动，实现发动机从静止状态过渡到工作状态转换的全过程叫发动机的启动。要使发动机由静止状态过渡到工作状态，必须先用外力转动发动机的曲轴，使活塞作往复运动。气缸内的可燃混合气燃烧膨胀做功，推动活塞向下运动使曲轴旋转，发动机才能自行运转，工作循环才能自动进行。因此，曲轴在外力作用下开始转动到发动机开始自动怠速运转的全过程，称为发动机的启动。完成启动过程所需的装置，称为发动机的启动系统。启动系统由蓄电池、点火开关、启动继电器、启动机等组成(图 5-1)。

启动系统的功用是通过启动机将蓄电池的电能转换成机械能，用以带动柴油发动机曲轴旋转，帮助柴油发动机启动，启动发动机运转。

二、启动机的分类

启动机按所用能源分为：汽油发动机和电动机。现代柴油发动机多采用后者，启动机也以电动机为主。在启动机的组成中，电动机一般没有多大差别，而传动机

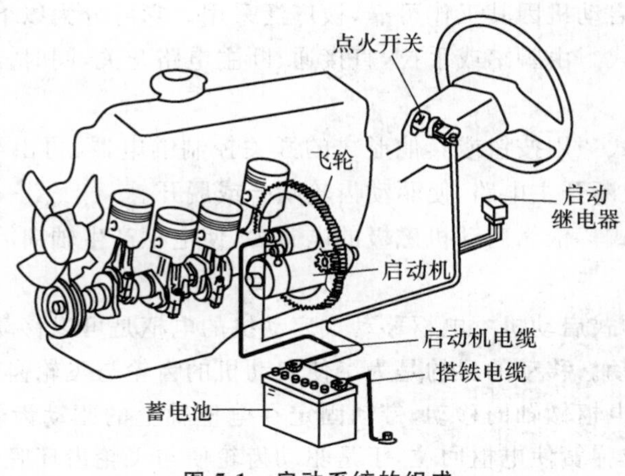

图 5-1　启动系统的组成

构和控制装置差异较大。因此，启动机多按传动机构和控制方法的不同来分类。

1. 按传动机构齿轮啮合方式分类

(1)强制啮合式启动机　强制啮合的启动机是目前应用最多的启动机。其最主要的特征就是啮合机构中有啮合弹簧，大多数的啮合弹簧装在单向器上，微型车用启动机的啮合弹簧装在拨叉上，还有一些小功率启动机的啮合弹簧装在电磁开关的活动铁芯内，近年生产的不少减速启动机，啮合弹簧装在拨叉支点位置。

强制啮合的启动机工作过程中，当电磁开关线圈通电，动铁芯拉动拨叉把驱动齿轮推向发动机的飞轮齿环时，会出现两种情况：

①驱动齿轮的齿刚好对正飞轮齿环的槽，驱动齿轮非常容易地与飞轮齿环啮合，随后电磁开关触点接通，直流电机通电转动，带动发动机启动。其特点是齿轮先啮合，开关后接通。这个过程叫顺利啮合。

②驱动齿轮的齿刚好对正飞轮齿环的齿，即出现了顶齿情况，此时驱动齿轮停止前移。但由于电磁开关的吸力很大，动铁芯依然拉动拨叉，拨叉压缩啮合弹簧，使动铁芯继续运动，直至电磁开关触点接通，直流电机通电转动。当驱动齿轮转过一个很小的角度后，便错开了顶齿位置，在啮合弹簧的作用下，与飞轮齿环啮合。其特点是开关触点先接通，齿轮后啮合，这个过程叫强制啮合，也就是在顶齿状态下强行啮合。

这里啮合弹簧起了关键作用，拨叉压缩啮合弹簧后，一方面使驱动齿轮压紧在飞轮齿环上，为驱动齿轮的齿进入飞轮齿环的槽作准备；另一方面由于驱动齿轮压紧在飞轮齿环上，当电机转动时阻力很大，电机的初始转速不会很高，以便啮合。

启动时强制啮合是启动机靠人力或电磁力，推动拉杆，强制小齿轮啮入飞轮齿

环。强制啮合式启动机因其工作可靠,被广泛采用。它可分为以下几种:

①直接操纵式 由脚踏或手拉,直接通、断主电路开关,同时操纵驱动齿轮,使其与飞轮啮合。

②电磁操纵式 用按钮或其他形式的开关控制继电器,再由继电器控制主电路开关,以接通或断开主电路,使驱动齿轮啮合或脱开。

③电磁啮合式 依靠启动机磁极的电磁力,使电枢产生轴向后移,带动驱动齿轮啮入飞轮齿环。

(2)电枢移动式启动机 电枢移动式启动机的电枢是可以移动的。这个移动,当然是指轴向移动。移动的目的是为了使启动机的齿轮与飞轮齿环啮合。靠磁极产生的电磁力使电枢做轴向移动,带动固定在电枢轴上的驱动齿轮与飞轮齿环啮合。启动后,回位弹簧使电枢回位,于是驱动齿轮便与飞轮齿环脱开。电枢移动式启动机的结构较为复杂,仅用于一些大功率柴油机车上。

(3)惯性啮合式启动机 启动时,依靠驱动齿轮自身旋转的惯性与飞轮齿环啮合。启动后,驱动齿轮又靠惯性力自动与飞轮齿环脱开。惯性啮合式启动机结构简单,但工作可靠性较差,现很少采用。

2. 按控制装置分类

(1)直接操纵式启动机 利用脚踩或手拉直接操纵机械式启动开关接通或切断启动主电路。

(2)电磁操纵式启动机 用启动按钮或点火开关控制启动机电磁开关或启动继电器,再由电磁开关产生的电磁力控制启动主电路的接通与断开。这种启动机可远距离控制,操作省力、方便,现代柴油汽车已广泛采用电磁操纵式启动机。

3. 对启动机的要求

(1)齿轮啮合要容易,不应产生冲击。

(2)发动机启动后,小齿轮应能自动滑转或脱出,以免发动机带动启动机旋转,造成“飞车”事故。

(3)发动机工作时,启动机驱动齿轮不能啮入飞轮齿环。

(4)结构简单,工作可靠。

三、启动机的结构

启动机一般由直流电动机、传动机构和电磁开关三部分组成,其中:直流电动机的作用是产生转矩;传动机构的作用是使启动机齿轮与发动机飞轮齿环啮合,传递转矩;电磁开关用来控制主电路的通、断。启动机的结构如图 5-2 所示。

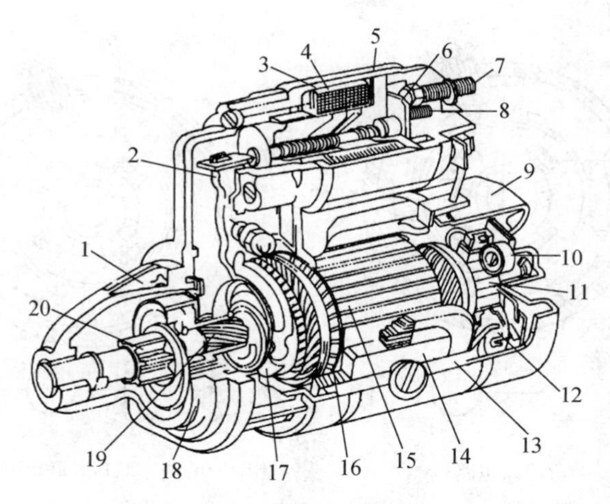

图 5-2　启动机的结构

1. 后端盖　2. 拨叉　3. 保持线圈　4. 吸引线圈　5. 电磁开关　6. 触点　7. 电动机开关接线柱　8. 接触盘　9. 防尘罩　10. 电刷弹簧　11. 换向器　12. 电刷及前端盖　13. 机壳　14. 磁极　15. 电枢　16. 磁场绕组　17. 移动衬套　18. 单向离合器　19. 电枢轴　20. 驱动齿轮

(一)直流电动机

直流电动机多为串励直流电动机，具有较大的磁场以保证有足够的转矩。主要由电枢、磁极和换向器等组成。

1. 磁极(定子)

磁极作用：产生磁场，电磁式电动机的磁极由铁芯和磁场线圈组成，铁芯用低碳钢制成马蹄形，并用螺钉固定在电动机的壳体内壁上，磁场线圈套装在铁芯上。为了增大启动机的电磁转矩，一般采用 4 个磁极，功率超过 735 kW 的启动机有的采用 6 个磁极。磁场线圈用矩形裸体铜线绕制，并与电枢绕组串联(图 5-3)。4 个磁场线圈的连接方式有两种：一种是四个绕组串联后再与电枢绕组串联，如图 5-3(a)所示，另一种是两个绕组先串联后并联，然后与电枢绕组串联，如图 5-3(b)所示。目前普遍采用后一种连接方式。无论采用哪一种连接方式，其磁场绕组通电产生的磁极必须 N、S 极相间排列。

2. 电枢(转子)

电枢是产生电磁转矩的核心部件，其结构如图 5-4 所示。铁芯由许多相互绝缘的硅钢片叠装而成，其圆周表面上有槽，用来安放电枢绕组。

(1)电枢绕组　为了通过较大的电流以获得大的功率和转矩，电枢绕组也采用扁而粗的铜质导线绕成。由于电枢导线采用裸体铜线，为防止短路，导线与铁芯之

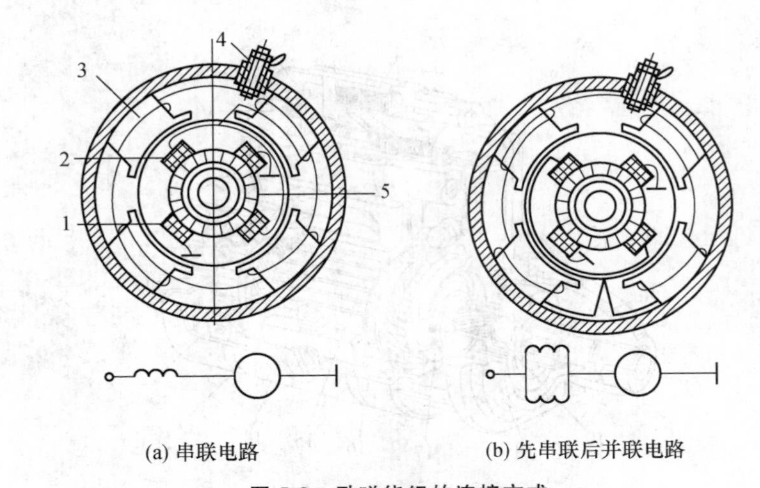

(a) 串联电路　　(b) 先串联后并联电路

图 5-3　励磁绕组的连接方式

1. 负电刷　2. 正电刷　3. 磁场绕组　4. 接线端子　5. 换向器

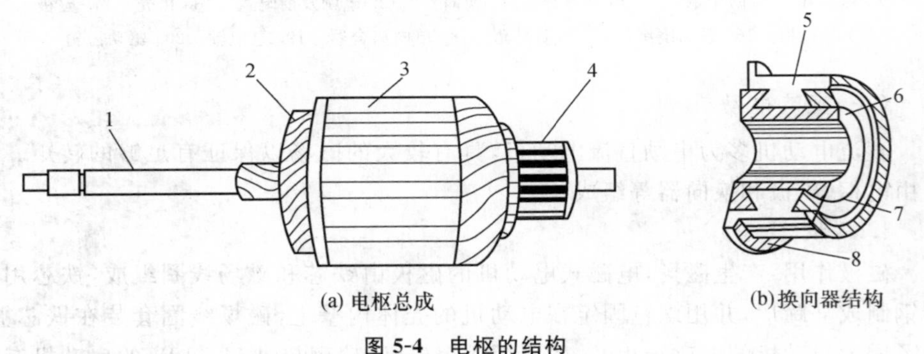

(a) 电枢总成　　(b) 换向器结构

图 5-4　电枢的结构

1. 电枢轴　2. 电枢绕组　3. 电枢铁芯　4. 云母片　5. 换向片　6. 套轴　7. 压环　8. 焊线凸缘

间、导线与导线之间均由绝缘性能较好的绝缘纸隔开。

(2)电枢铁芯　由相互绝缘的硅钢片叠装而成,其圆周上制有安放电枢绕组的槽,内以花键固装在电枢轴上。

(3)换向器　换向器的功用是将通入电刷的直流电流转换为电枢绕组中导体所需的交变电流,以使不同磁极下导体中电流的方向保持不变。换向器由截面呈燕尾形的铜片围合而成,如图 5-4(b)所示。燕尾形铜片称为换向片,换向片与换向片之间以及换向片与轴套、压环之间均绝缘。

(4)电枢轴　启动机电枢轴上制有键槽,用以与启动机离合器配合。电枢轴一般采用前后端盖和中间支撑板三点支撑,轴的尾端肩部与后端盖之间装有止推垫圈。

3. 电刷和电刷架

电刷和电刷架的功用是将电流引入电动机，主要由电刷、电刷架和电刷弹簧组成，如图 5-5 所示结构图。

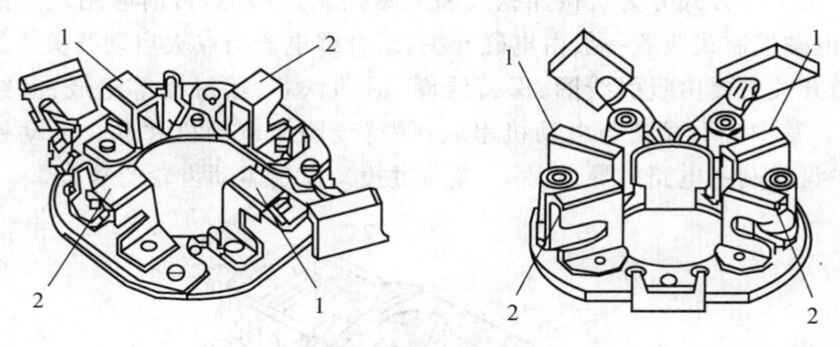

图 5-5 电刷与电刷架

1. 负电刷架 2. 正电刷架

电刷装在电刷架中，借弹簧压力将它压紧在换向器上，电刷弹簧的压力一般为 11.7～14.7 N。电刷用铜粉与石墨粉压制而成，启动机电刷的含铜量为 80%左右，石墨含量 20%左右。加入较多铜粉的目的是减小电阻，提高导电性能和耐磨性能。

电刷架有 4 个，固定在支架或端盖上，直接固定在支架或端盖上的电刷架称为搭铁电刷架或负电刷架，安装在两个负电刷架中的电刷称为负电刷；用绝缘垫片将电刷架绝缘固定在电刷支架或端盖上的电刷架称为正电刷架，安装在两个正电刷架内的电刷称为正电刷。

4. 端盖、机壳

端盖分为前、后两个，后端盖一般用钢板压制而成，前端盖用铸铁浇铸而成。机壳用钢管制成，一端开有窗口，作为视察电刷和换向器之用，平时用防尘箍盖住，安装磁极和固定机件。磁极固定在壳体内壁上。壳体上有一个电流输入接线柱，对于电磁式电动机，该端子或引线与磁场绕组的一端相接。

（二）传动机构

传动机构的作用是当启动发动机时，将电动机的驱动转矩传给发动机曲轴，当发动机启动后，切断电动机与发动机之间的动力联系。

普通启动机的传动装置主要由单向离合器和拨叉组成。单向离合器有滚柱式离合器、弹簧式离合器和摩擦片式离合器三种。摩擦片式离合器可以传递较大转矩，主要用于柴油发动机；滚柱式和弹簧式离合器主要用于汽油发动机。

（三）控制装置

控制装置作用是控制驱动齿轮与飞轮齿圈的啮合与分离，控制电启动机电路的通断。按工作方式分为机械操纵式和电磁控制式两类，目前应用最多的是电磁控制式，电磁控制式装置一般由电磁开关、组合继电器与点火启动开关等组成。

电磁开关主要由吸引线圈、保持线圈、活动铁芯、接触盘等组成，其结构如图5-6所示。其中吸引线圈与电动机串联，保持线圈与电动机并联。活动铁芯一端通过接触盘控制主电路的导通；另一端通过拨叉控制驱动齿轮的啮合。

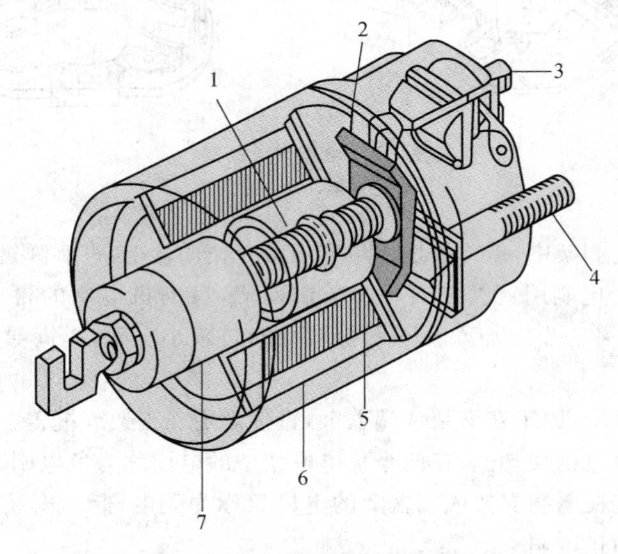

图 5-6 电磁开关的结构

1. 回位弹簧 2. 接触盘 3. 端子30 4. 端子C 5. 吸引线圈 6. 保持线圈 7. 活动铁芯

启动发动机时，启动开关接通启动电路，吸引线圈、保持线圈通电。保持线圈的电流经启动机接线柱进入，经线圈后直接搭铁；吸引线圈的电流经启动机接线柱进入电动机，经电动机后再搭铁。两线圈通电后产生较强的电磁力，克服弹簧弹力使活动铁芯移动，一方面通过拨叉带动驱动齿轮移向飞轮齿圈与之啮合，另一方面推动接触盘移向两个主接线柱触点，在驱动盘齿轮与飞轮齿圈进入啮合后，接触盘将两个主触点接通，使电动机通电运转。

通过控制启动电池开关及杠杆机构，来实现启动机传动机构与飞轮齿圈的啮合与分离，并接通和断开电动机与蓄电池之间的电路。

电磁开关按开关与铁芯的结构形式分为整体式和分离式两种，如图5-7所示。

开关接触盘组件与活动铁芯固定连接在一起的称为整体式电磁开关，接触盘组件与活动铁芯不固定连接在一起的称为分离式开关。

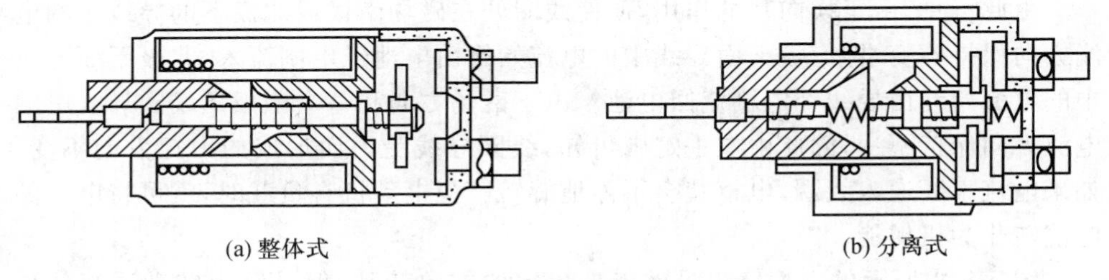

(a) 整体式　　(b) 分离式

图 5-7 电磁开关的形式

四、直流串励式电动机的工作原理

直流电动机是将电能转变为电磁力矩的装置，并根据带电导体在磁场中将受到电磁力作用而发生运动的原理进行工作，工作过程如图 5-8 所示。

当电枢绕组在所示垂直位置时，如图 5-8(a)所示，电刷 5、6 不与换向器 3、4 接触，线圈中没有电流流过，线圈不受力的作用，因此线圈不会转动。

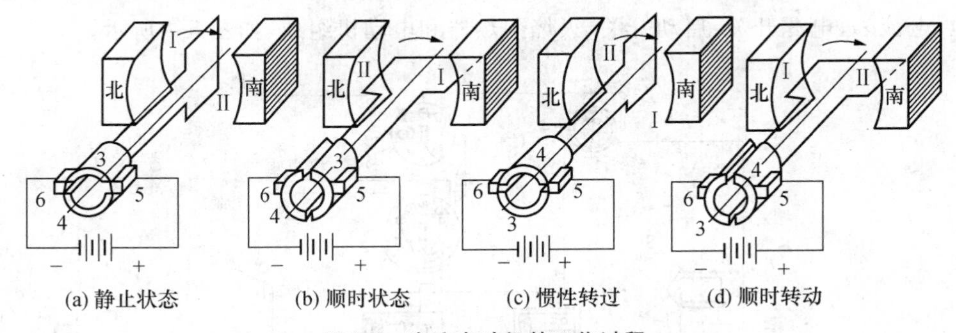

(a) 静止状态　(b) 顺时状态　(c) 惯性转过　(d) 顺时转动

图 5-8 直流电动机的工作过程

如将线圈稍微向顺时针方向转动，电刷 5、6 便分别与换向片 3、4 接触，如图 5-8(b)所示，电枢绕组中便有电流流过。电流路径由蓄电池正极，经电刷 5、换向片 3、电枢绕组、换向片 4、电刷 6 回到蓄电池负极。根据左手定则可以判断，线圈 I 边将向下转动、线圈 II 边将向上运动，整个线圈将沿顺时针方向转动。当线圈旋转到图 5-8(c)所示垂直位置时，电刷 5、6 又不与换向片 3、4 接触，线圈中又无电流流过，但是，此时线圈将以其转动惯性转过此位置。

当线圈转过垂直位置时，电刷 5、6 便分别与换向片 4、3 接触，如图 5-8(d)所示，线圈中又有电流流过，电流路径由蓄电池正极，经电刷 5、换向片 4、线圈、换向片 3、电刷 6 回到蓄电池负极。由左手定则可知，此时线圈的Ⅰ边将向上运动、线圈Ⅱ边将向下运动，整个线圈仍沿顺时针方向转动。

由此可见，由于换向片的作用，便使线圈处在磁场南极或北极下的导线中的电流方向保持不变，即南极下面导线中的电流始终由电池经电刷流入，北极下面导线中的电流始终由导线经电刷流回电池。由于磁场方向和每个磁极下线圈导线中的电流方向保持不变，因此由左手定则可知，线圈导线受力而形成的力矩方向不变。如果电流不断通入线圈，电枢就会不停地旋转。但电动机有负载时，就可将电源的电能转化为机械能。

图 5-8 中所示的电枢绕组虽然能按一定的方向转动，但是每当转动垂直位置时，都是依靠惯性转过，转动很不平稳，电磁力产生的电磁转矩也很小。为了增大电磁转矩和提高电动机的平顺性能，实际使用的电动机采用了多组电枢绕组和多对磁极。

五、启动机的工作原理

不同农业机械上使用的启动机尽管形式不同，但其直流电动机部分基本相似，主要区别在于传动机构和控制装置有所差异。农业机械的启动电路主要由蓄电池、电流表、电源开关、启动开关、火焰预热器和电动机组成，如图 5-9 所示。

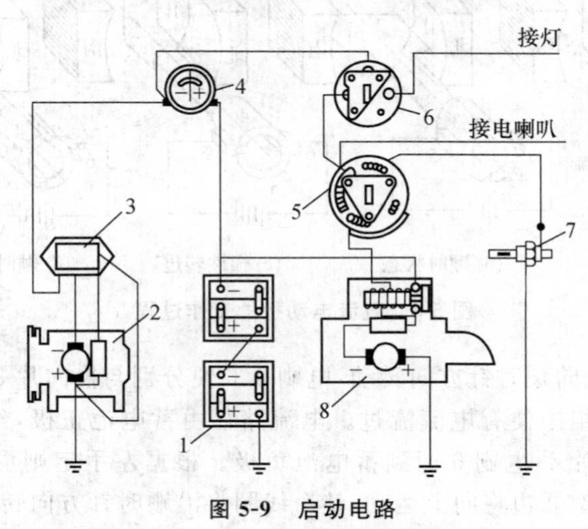

图 5-9 启动电路

1. 蓄电池 2. 发电机 3. 调节器 4. 电流表 5. 启动开关 6. 电源开关 7. 火焰预热 8. 电动机

电动机工作时，所需电流很大(约 600 A)，所以电动机的主电路不通过电流表，而与蓄电池直接相接。主电路的通断由电磁开关控制，要接通电磁开关，需要闭合电源开关和启动开关。预热器的电路由启动开关控制。

启动发动机时，接通点火开关，蓄电池电压加在电磁开关上，电磁开关内部的两线圈（保持线圈和吸引线圈）同时得电，通电的线圈产生磁场，使电磁开关相当于一电磁铁，开关动静铁芯吸合，通过动铁芯上的拉杆带动拨叉。启动机的拨叉类似于一杠杆，支点在驱动端盖上，一端接电磁开关拉杆，一端接到单向离合器上。因此，拉杆的运动通过拨叉传递到单向离合器，使单向离合器（含驱动齿轮）前移。同时，动静铁芯的吸合推动开关接触片上移，接通主副触头，使蓄电池电流接入直流电动机。直流电动机产生旋转力矩，使电枢旋转，传动机构将电枢的旋转运动传递到驱动齿轮，使驱动齿轮在旋转运动和直线运动的合力下切入发动机飞轮环，带动发动机运转。此时，吸引线圈通过接触片短路，依靠保持线圈的吸力维持驱动齿轮的位置。

发动机在启动机驱动齿轮的带动下，旋转到其启动转速后，即开始自动旋转，此时发动机已启动成功，转速逐步升高，并最终超过驱动齿轮转速，形成"超速"。此时驱动齿轮依靠单向离合器而实现打滑。当点火开关断开后，电磁开关断电，动静铁芯松开，拨叉在复位弹簧带动下退回，接触片断开，电动机断点停止运转，同时驱动齿轮在拨叉带动下退回，整个启动过程至此结束。

六、启动机型号

根据电气设备产品型号编制方法的规定，启动机的型号由以下 5 部分组成：

第一部分表示产品代号：QD、QDJ 和 QDY 分别表示启动机、减速型启动机和永磁型启动机。

第二部分表示电压等级代号：1 表示 12 V、2 表示 24 V。

第三部分表示功率等级代号：含义见表 5-1。

第四部分表示设计序号：按产品设计先后顺序，以 1～2 位阿拉伯数字组成。

第五部分表示变型代号：以汉语拼音大写字母 A、B、C…顺序表示。

表 5-1　功率等级代号

功率等级代号	1	2	3	4	5	6	7	8	9
功率/kW	0～1	1～2	2～3	3～4	4～5	5～6	6～7	7～8	8～9

实训准备

1. 集队点名，教师检查学生穿着工作服情况；

2. 教师集中讲解安全操作规程。

任务17 启动机的使用及注意事项

一、启动机的正确使用

(1)启动机每次使用时间不宜超过5 s,两次启动之间间隔2～3 min。如连续3次不能启动,应停机对电路及油路进行检查,排除故障后再启动。

(2)在低温下启动发动机时,应先预热发动机后再启动。

(3)启动机电路的导线连接要牢固,导线截面积不应太小。

(4)应尽可能使蓄电池处于充足电的状态,保证启动机正常工作时的电压和容量。

(5)车辆行驶2 000 km后,应检查紧固件连接是否牢靠,导线接触是否良好。

(6)车辆行驶8 000 km后,应检查整流子表面是否光洁,炭刷在架内是否卡死,炭刷弹簧压力是否正常,若有故障应拆下修理。

二、影响启动机功率的因素

(1)蓄电池的容量　蓄电池容量越小,供给启动机的电流越小,于是产生的转矩也就越小。

(2)环境温度　环境温度主要是通过影响蓄电池的内阻而影响启动机的功率。温度越低,蓄电池的内阻越大,容量减小,启动机输出功率明显下降。故冬季对蓄电池适当保温,就可以提高启动机的功率,改善启动性能。

(3)接触电阻和导线电阻　接触电阻大、导线过长及截面过小,都会造成较大的电压下降,使启动机的功率减小。

三、启动机的使用注意事项

(1)为了能使发动机顺利、可靠地启动,应经常保持蓄电池处于充足电的状态,启动机与蓄电池之间的连线、蓄电池的搭铁线连接应固定牢靠,且接触良好。

(2)启动发动机前,应确认发动机状况良好后再使用启动机启动。

(3)由于启动机工作电流很大,因此每次启动发动机时,启动机接通时间不应超过5 s;两次启动的间隔应在2 min以上,以防电动机过热。经过三次启动,发动机仍没有启动着火,则停止启动,应排除故障后,再启动。

(4)使用不具备自动保护功能的启动机时,应在发动机启动后迅速断开启动开关,切断 ST 挡,使启动机停止工作。在发动机正常运转时,切勿随便接通启动开关。

(5)发动机启动后,应及时关断启动开关,以免单向离合器被瞬间反带而损坏。

四、启动机的维修注意事项

(1)在车上进行启动检测之前,一定要将变速器挂上空挡,并实施驻车制动。

(2)在拆卸启动机之前,应先拆下蓄电池的搭铁电缆线。

(3)有些启动机在启动机与法兰盘之间使用了多块薄垫片,在装配时应按原样装回。

五、启动机工作 1 000 h 后的维护

(1)清除内部油污和赃物。

(2)检查换向器表面是否光洁,电刷在架内是否有卡滞现象,电刷的高度(不得低于原高度 1/2),电刷与换向器的接触情况。如换向器表面有轻度烧伤,可用“00”号砂纸磨光。若烧伤严重,必须重新车光,并用“00”号砂纸磨光。

(3)检查电刷的弹簧弹力(可用弹簧秤测定),弹簧对电刷的压力应在 8.82～14.7 N 范围内,不符合应调整或更换。

(4)用汽油或煤油清洗电枢和驱动机构,并烘干。安装时在摩擦式离合器的摩擦片间涂石墨润滑脂,而螺旋花键部分涂钙基润滑脂。

(5)检查励磁绕组的技术状态。

(6)检查电磁开关动触头和静触头的表面情况,若烧伤或有黑斑,应用“00”号砂纸磨平。

六、启动机拆检后的维护

(1)用压缩空气吹净或擦净电动机内部灰尘,用汽油或煤油擦洗机械零件,不允许用汽油、煤油清洗含油轴衬。

(2)换向器表面烧蚀轻者可用“00”号砂纸打磨,重者或表面凹凸不平,则必须重新用车床车光。

(3)检查电刷磨损情况并用弹簧秤检查电刷弹簧压力。如果磨损变形过大或电刷弹簧压力过低时,应及时更换。

任务 18 启动机的拆装

一、启动机的分解

启动机解体前应清洁外部的油污和灰尘，然后按下列步骤进行解体：

(1)旋出防尘盖固定螺钉，取下防尘盖，用专用钢丝钩取出电刷；拆下电枢轴上止推圈处的卡簧(图 5-10)。

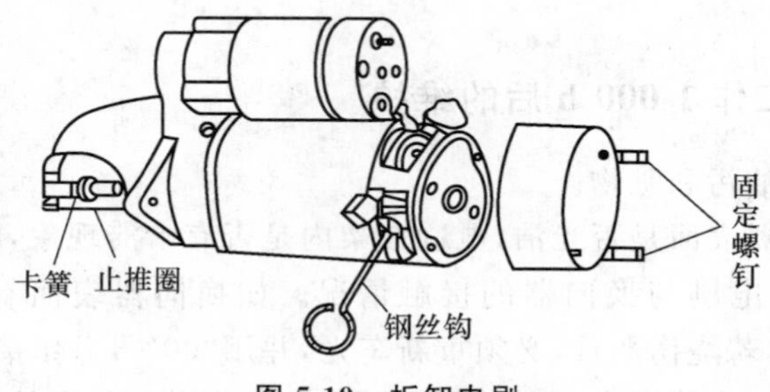

图 5-10 拆卸电刷

(2)用扳手旋出两紧固穿心螺栓，取下前端盖，抽出电枢，如图 5-11 所示。

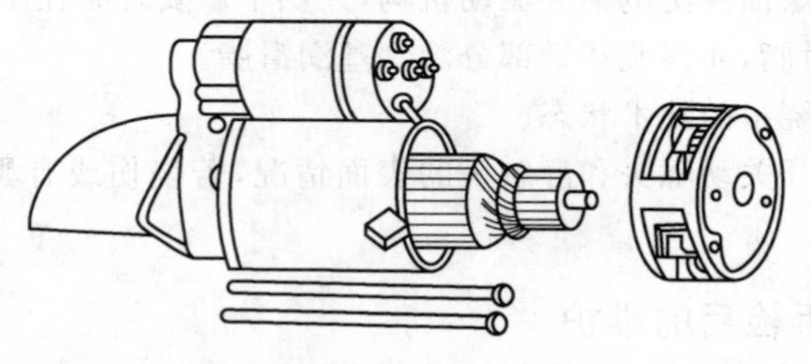

图 5-11 拆卸前端盖和电枢

(3)拆下电磁开关主接线柱与电动机接线柱间的导电片；旋出后端盖上的电磁开关坚固螺钉，使电磁开关后端盖与中间壳体分离，如图 5-12 所示。

(4)从后端盖上旋下中间支承板坚固螺钉，取下中间支承板，旋出拨叉轴销螺钉，抽出拨叉，取出离合器，如图 5-13 所示。

(5)将已解体的机械部分浸入清洗液中清洗，电气部分用棉纱蘸少量汽油擦拭干净。有必要时，可分解电磁开关，其步骤如下：

①拆下电磁开关前端固定螺钉，取下前端盖；

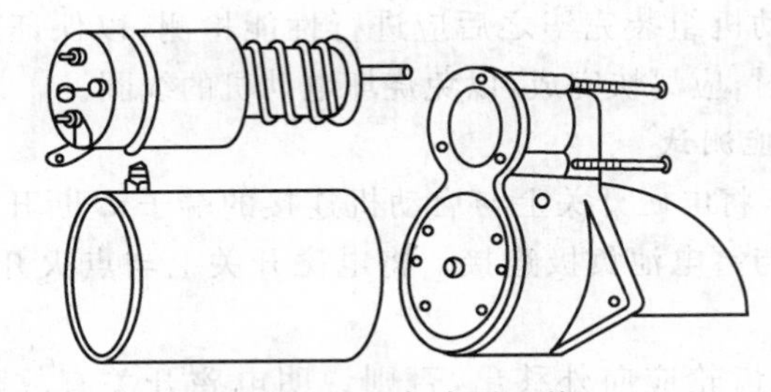

图 5-12　拆卸电磁开关

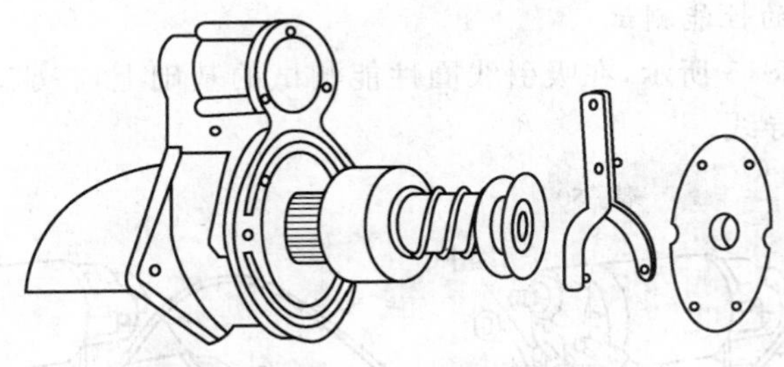

图 5-13　拆下离合器

②取下独盘锁片、触盘、弹簧、抽出引铁；

③取下固定铁芯卡簧及固定铁芯，抽出铜套及吸引和保持线圈。

二、启动机装复

启动机的形式不同，具体装复的步骤不可能完全相同，但基本原则是按分解时的相反步骤进行。装复的一般步骤是：先将离合器和移动叉装入后端盖内，再装中间轴承支承板，将电枢轴装入后端盖内，装上电动机外壳和前端盖，并用长螺栓结合紧，然后装电刷和防尘罩，装启动机开关可早可晚。

任务 19　启动机的检测

启动机的检测分为解体检测和不解体检测两种，解体测试随解体过程一同进行，不解体测试可以在拆卸之前或装复以后进行。

一、启动机的不解体检测

在进行启动机的解体之前，最好进行不解体检测，通过不解体的性能检测大致可以找出故障。启动机组装完毕之后应进行性能检测，以保证启动机正常运行。在进行以下的检测时，应尽快完成，以免烧坏电动机的线圈。

1. 吸引线圈性能测试

如图 5-14 所示，将电磁开关上与启动机连接的端子 C 断开，与蓄电池负极连接。电磁开关壳体与蓄电池负极连接。将电磁开关上与点火开关连接的端子 50 与蓄电池正极连接。

注：启动机驱动齿轮应向外移出，否则说明电磁开关有故障，应予以修理或更换。

2. 保持线圈的性能测试

接线法如图 5-15 所示，在吸引线圈性能测试的基础上，在驱动齿轮移出之后从端子 C 上拆下导线。

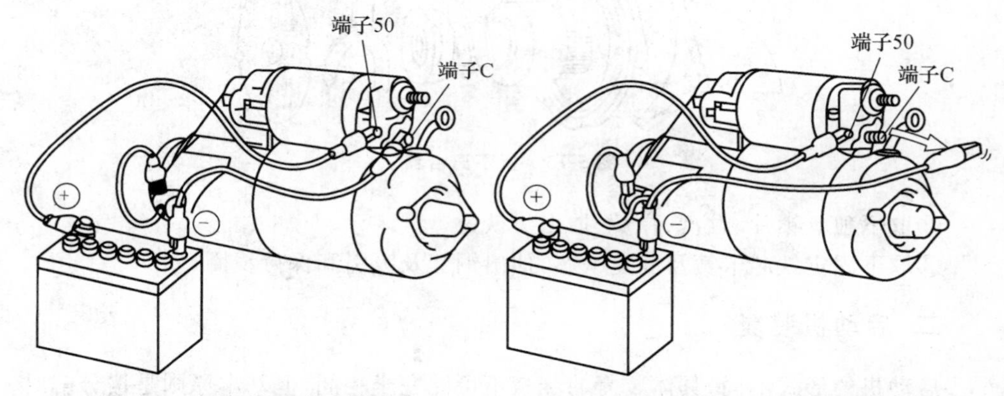

图 5-14 吸引线圈的功能测试　　图 5-15 电磁线圈和保持线圈功能试验

注：驱动齿轮应保持在伸出位置不动。否则，说明保持线圈损坏或搭铁不正常，应修理或更换电磁开关。

3. 驱动齿轮回位的测试

如图 5-16 所示，拆下蓄电池的负极接外壳的接线夹后，驱动齿轮能迅速返回原始位置即为正常。如不能复位，说明复位弹簧失效，应予以更换。

4. 驱动齿轮间隙的检查

按如图 5-17 所示，连接蓄电池和电磁开关；按图 5-18 所示，进行驱动齿轮间隙的测量。

注：测量时先把驱动齿轮推向电枢方向，消除间隙后测驱动齿轮端和止动套圈的间隙，并和标准值进行比较。

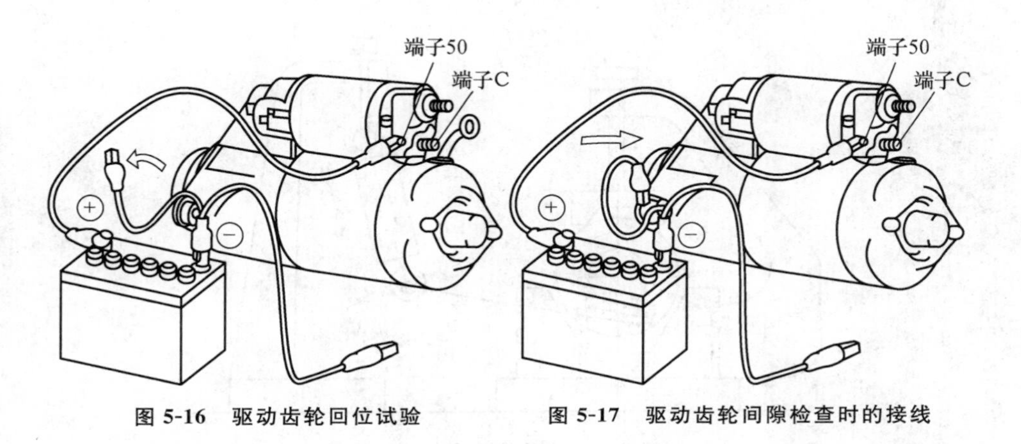

图 5-16　驱动齿轮回位试验　　图 5-17　驱动齿轮间隙检查时的接线

5．启动机空载测试

测量启动机的空载电流和空载转速并与标准值比较，以判断启动机内部有无电路和机械故障。将启动机固定，按照图 5-19 所示方法连接导线。

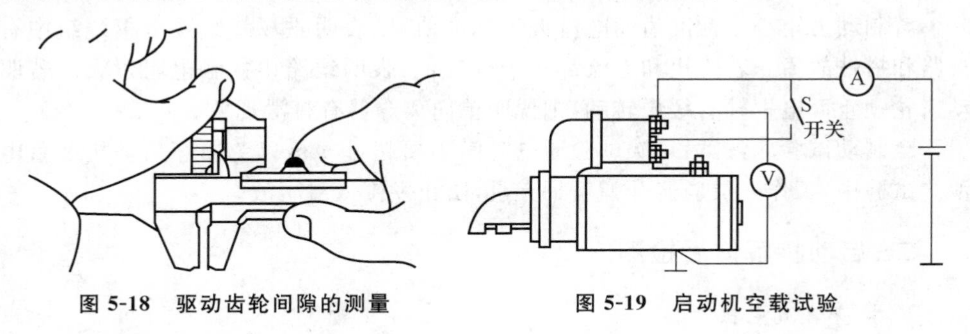

图 5-18　驱动齿轮间隙的测量　　图 5-19　启动机空载试验

接通启动机电路(每次试验不要超过 1 min，以免启动机过热)，启动机应运转均匀、电刷下无火花。记下电流表、电压表的读数，并用转速表测量启动机转速，其值应符合规定值。同时观察换向器是否出现较大火花，倾听有无不正常的机械响声。

若电流大于标准值，而转速低于标准值，表明启动机装配过紧或电枢绕组内有短路或搭铁故障。若电流和转速都小于标准值，则表示启动机线路中有接触不良的地方(如电刷弹簧压力不足，换向器与电刷接触不良等)。

6．启动机全制动试验

全制动试验应在空载试验的基础上进行，空载试验不合格的启动机不应进行全制动试验。全制动试验的目的是测量启动机在完全制动时所消耗的电流(制动电流)和制动力矩，以判断启动机主电路是否正常，并检查单向离合器是否打滑。将启动机夹持在试验台上，使杠杆的一端夹住启动机驱动齿轮的 3 个齿，如图 5-20 所示。

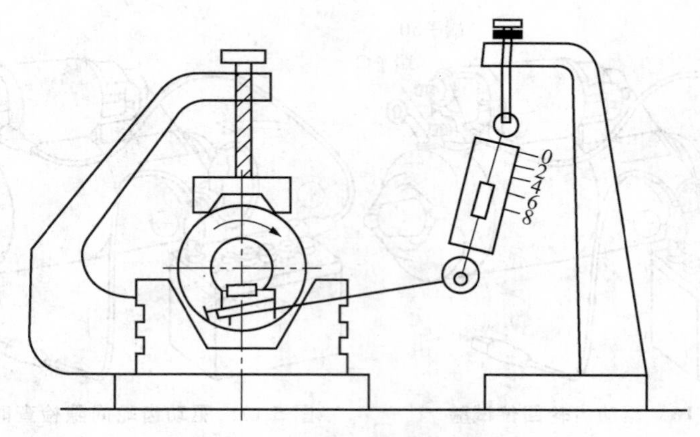

图 5-20 启动机的全制动试验

电路连接与空载试验相同。接通启动机电路,呈现制动状态,观察单向离合器是否打滑并迅速记下电流表、电压表、弹簧秤的读数,其值应符合规定值。

若制动力矩小于标准值而电流大于标准值,则表明磁场绕组或电枢绕组中有短路和搭铁故障。若力矩和电流都小于标准值,表明线路中接触电阻过大。若驱动齿轮锁止而电枢轴有缓慢转动,则说明单向离合器有打滑现象。

全制动试验应注意:每次试验通电时间不要超过 5 s,以免损坏启动机及蓄电池。试验中,工作人员应避开弹簧秤夹具,防止发生人身事故。

二、启动机解体后检测

1. 检查直流电机

(1)磁场绕组的检修

①磁场绕组断路检查　磁场绕组断路,一般多是由于绕组引出线头脱焊或假焊所致,可用万用表电阻挡检查,或用一只 12 V(24 V)试灯与磁场绕组串联后接到 12 V(24 V)的直流电源上,通过试灯的亮度来检查,若试灯不亮,则表明该磁场绕组断路。

②磁场绕组匝间短路的检查　磁场绕组匝间短路多由其匝间绝缘不良引起,而匝间绝缘不良往往由于绕组外部的包扎层烧焦、脆化等原因造成。若其外部完好无法判断其内部是否短路时,可按图 5-21 所示,将磁场绕组套于铁棒上,然后放入电枢感应仪中,使感应仪通电 3～5 min,如该绕组发热即表明有匝间短路故障。也可按图 5-22 所示,即用蓄电池一个单格的直流电检查,电路接通后,立即将起子放到每个磁极上,检查各磁极对起子的吸力量是否相同,若某一磁极吸力很小或基本不吸,表明该磁场绕组存在匝间短路。

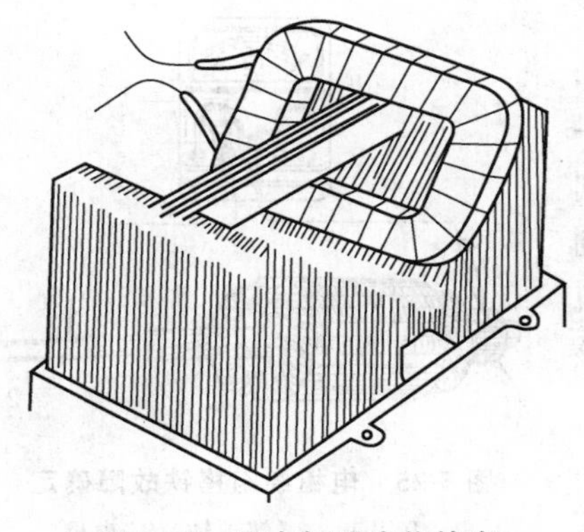

图 5-21 用电枢感应仪检查匝间短路故障

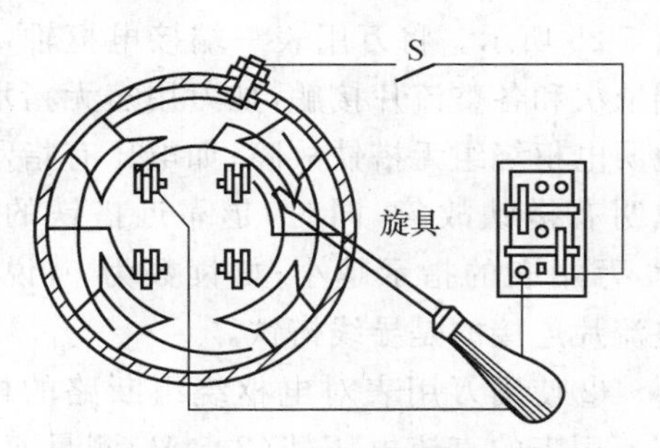

图 5-22 用蓄电池单格直流电检查匝间短路故障

③磁场绕组搭铁的检查 实际是检查启动机磁场绕组与定子外壳的绝缘状况，方法如下：

a. 交流试灯检查法 如图 5-23 所示，使用一只 220 V 交流试灯，将其一端与启动机接线柱相接，另一端接交流电源，交流电源另一端接启动机外壳。试灯不亮，则磁场绕组与外壳的绝缘状况良好，即无搭铁故障；否则，表明该磁场绕组搭铁。

b. 万用表电阻挡检查法 使用万用表电阻挡检查启动机磁场绕组有无搭铁故障的方法如图 5-24 所示，若将万用表置于 R×10k 挡，两测试棒分别接磁场绕组一端和定子外壳，R→∞，说明该绕组无搭铁故障；若将万用表置于 R×1k 挡，两测试棒分别接磁场绕组一端和某一非搭铁电刷，其阻值应为零，否则说明磁场绕组断路。

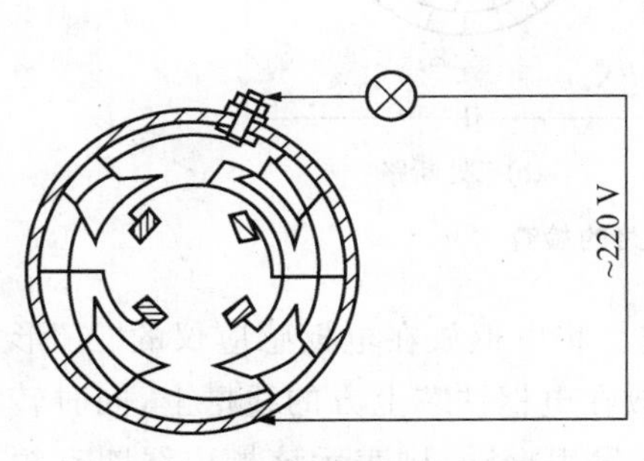

图 5-23 用交流试灯检查磁场绕组的绝缘状态

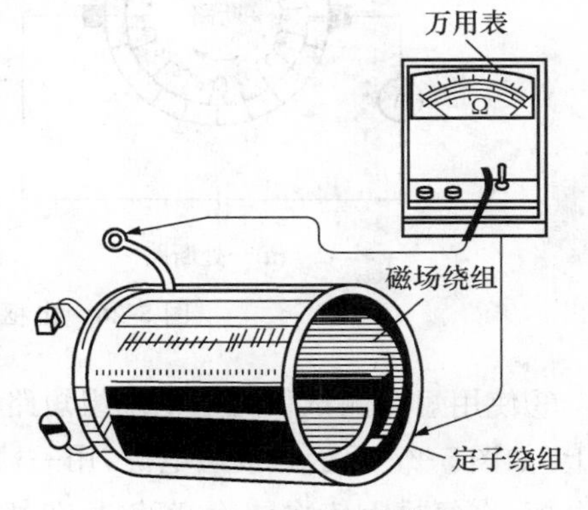

图 5-24 用万用表检查磁场绕组的绝缘状况

(2)检查转子(电枢部分)

①用万用表对电枢绕组搭铁的检查,如图 5-25 所示。将万用表一端接电枢轴,另一端依次和各整流片接触,如万用表无指示,则说明电枢绕组无搭铁故障;如电压有指示,则说明有搭铁故障,同时,越靠近搭铁的整流片,万用表的指示越小;如读数为 0,说明该整流片连接的是导线搭铁。

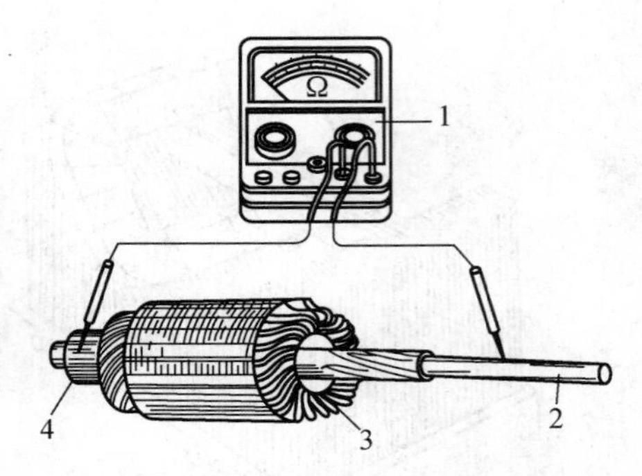

图 5-25 电枢绕组搭铁故障确定

1. 万用表 2. 转子轴 3. 电枢绕组 4. 换向器

②使用万用表对电枢绕组断路的检查,用万用表的直流电压挡(2.5 V)测量每相邻两整流片间的电压。如电刷绕组没有故障,则每相邻两整流片间的电压应相同;如电刷绕组中有一处断路,则同侧(以电刷为准)的所有各相邻整流片之间的电压均等于零,而断路的那对整流片上的电压最大,如图 5-26(a)所示;当有几处断路时,必须将电压表的一端接正电刷,另一端从负电刷依次与各整流片接触如图 5-26(b)所示,当移到断线绕组的整流片上时,电压表上无读数,此时应将所发现的断路连上,然后再寻找其他的断头。

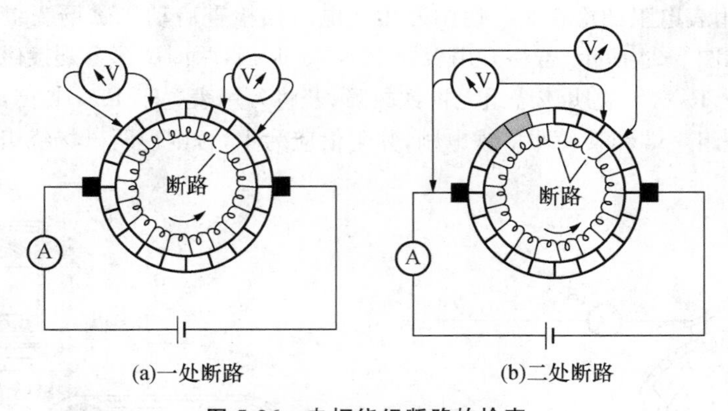

图 5-26 电枢绕组断路的检查

③使用短路测试仪对电枢绕组短路的检查。将电枢放在电枢感应仪的"V"形槽上,如图 5-27 所示。接通电源,用一薄钢片放在电枢铁芯上方的线槽上,同时转动电枢,在每槽上依次试验,若钢片在某一槽上发生振动,则表示该槽内线圈有短路。这是因为当线圈发生短路后,短路的线匝形成闭合回路,在感应仪交变磁场的作用下,产生交变电流,该交变电流又产生一局部的交变磁场,钢片就会在交变磁

场的吸引下而振动。如果清除整流片间的赃物后，钢片仍跳动，表明线圈匝间短路。

当电枢绕组为叠线时，一个线圈匝间短路，会在两个线槽（相距一个线圈的节距）上出现钢片振动现象；电枢绕组为波绕时，一个线圈匝间短路，会在四个线槽中出现钢片振动现象；如果钢片在所有的槽上振动，则说明是某槽内面线与底线上、下层间发生了短路。

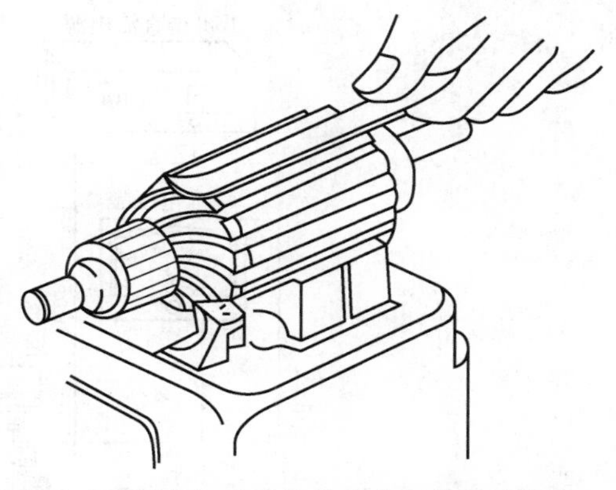

图 5-27 用电枢感应仪检查电枢的短路故障

（3）电刷组件的检查 电刷的高度应不低于新电刷高度的 2/3（国产启动机电刷高度为 14 mm），电刷与换向器的接触面积应在 75％以上，电刷在电刷架内应活动自如，无卡滞现象。

用万用表检查绝缘电刷架的绝缘情况，若电刷架搭铁，则应更换绝缘垫后重新铆合。

检查电刷弹簧的压力，一般为 11.7～14.7 N。若压力不够，可逆着弹簧的螺旋方向搬动弹簧增加弹力，如仍无效，则应更换新品。

2. 检查单向离合器

将单向离合器及驱动齿轮总成装在电枢轴上，握住电枢，当转动单向离合器外圈时，驱动齿轮总成应能沿电枢自由滑动。握住外座圈，转动驱动齿轮，应能自由转动，反转时不应转动，否则就有故障，应更换单向离合器。

3. 检查电磁开关

（1）电磁开关线圈的检查 用万用表 R×1 挡测量电磁开关的吸引线圈和保持线圈的电阻，其电阻值应符合表 5-2 中的规定。若电阻值 R→∞，说明线圈断路；若电阻小于规定值，表明线圈有匝间短路故障。线圈断路或短路严重时应予重新绕制。

（2）电磁开关工作能力的检查

①电磁开关吸合和释放电压的检查。检查时应按图 5-28 所示的电路接线。先将开关接通，逐渐调高电压，当万用表（电阻挡）指示阻值为零时，电压表的指示值为开关的吸合电压；然后再逐渐调低电压，当万用表指示电阻值为∞时，电压表的指示值则为开关的释放电压。其吸合电压不应大于额定电压的 75％，释放电压不应大于额定电压的 40％。

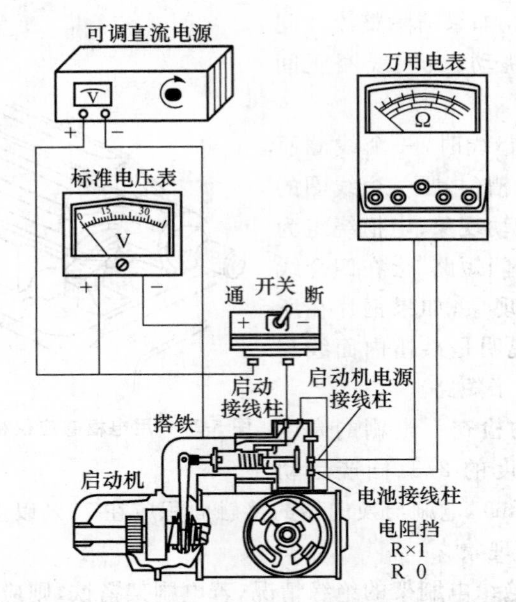

图 5-28 启动机电磁开关吸合及释放电压的检查

表 5-2 国产启动机电磁开关的有关参数

启动机型号	电磁开关型号	保持线圈			吸引线圈		
		直径/mm	匝数	20℃电阻/Ω	直径/mm	匝数	20℃电阻/Ω
ST614	PC604	ϕ0.93	230±5	0.6	ϕ0.93	230±5	0.8
2Q2B	PC60	ϕ0.80	160±5	0.57	ϕ0.80	160±5	0.275
ST811	PC811	ϕ0.71	230±5	1.13	ϕ0.71	230±5	0.53
ST111	PC110	ϕ0.55	390±5	5	ϕ0.55	390±5	0.94
ST710	PC20	ϕ0.93	350±5	1.2～1.3	ϕ0.93	140	0.14～0.15
ST711	PC21	ϕ0.93	350±5	1.2～1.3	ϕ0.93	140	0.14～0.15
321	384	ϕ0.83	245±3	0.97	ϕ0.83	235	0.6
DQ124F	384A	ϕ0.83	245±3	0.97±0.1	ϕ0.83	235	0.6±0.05
372A	384C	ϕ0.83	245±3	0.97	ϕ0.83	235	0.6
QD50	DK50	ϕ0.8	250±3	1.3	ϕ0.8	250±3	0.45
QD273	DK50	ϕ0.8	250±3	1.3	ϕ0.8	250±3	0.45
QD26	DK26	ϕ0.8	160±3	1.3	ϕ0.8	82+2	0.083
AQD27EF	DK27	ϕ0.95	220±3	1.0	ϕ0.95	200+5	0.28
340340A	388	ϕ0.95	330	1.98	ϕ0.95	320	0.69

②电磁开关断电能力的检查。当启动机驱动齿轮静止，并处于啮合位置时，将电磁开关的电源切断。此时，电磁开关的主触点应能迅速、可靠地断开。

任务20　启动机的常见故障检查与排除

1. 电启动机接通电路不运转

将启动开关旋钮扳到启动位置，电启动机不转。

故障原因：

(1)蓄电池存电量不足或接线柱氧化锈蚀、接头松动、搭铁线松脱，因无电源或电路不通。

(2)炭刷磨损过度、炭刷弹簧压力减弱、炭刷在炭架内卡住及搭铁不良，电启动机整流子有油污、烧损或偏磨失圆，导致炭刷与整流子接触不良，导电性能变差。

(3)启动开关触点烧损，电磁开关线圈与接线柱脱焊或线圈烧坏，影响大电流通过。

(4)电启动机线圈绝缘被破坏，造成匝间短路或搭铁，使电启动机不能工作。启动时间太长烧毁并联线圈，或启动时电磁开关主触点不闭合，串联线圈仍通电不能被短路隔开，而电动机又不转，这时若不及时松开启动按钮，常使串联线圈也在短时间内烧毁。

故障排除：

(1)在接合启动开关，电启动机不转的情况下接通大灯开关，若灯不亮，说明蓄电池无电流输出。蓄电池存电不足，应补充；若接线柱与接头松动或氧化，应清除氧化物，牢固连接。

(2)接通大灯开关，若灯亮，说明蓄电池有电流输出。再用旋具搭接电磁开关接线柱与蓄电池接线柱。若电磁开关铁芯不动，说明电磁开关两线圈与接线柱脱焊或线圈烧坏，应检修；若电磁开关铁芯立即动作，说明电磁开关线圈完好，而是启动开关内部接触不良或电磁开关连接断路，应重新连接牢靠。

(3)接合启动开关，电动机不转，但电流表指针指值为－18～－20 A，说明电磁开关中吸力线圈电路中断；再用旋具搭接蓄电池接线柱和磁场接线柱，若电启动机不转，很可能是整流子因沾油污、烧蚀、偏磨失圆或炭刷弹簧弹力不足，磨损过度，引起接触不良，使电流不能经过电枢线圈与吸力线圈相通。整流子与炭刷接触不良的修复与直流发电机基本相同。

(4)接合启动开关，电流表指针向“－”摆到头，电启动机不转而发出“咔”的响声；此时可摇一下曲轴再启动，如仍不能启动，再用旋具搭接开关上蓄电池接线柱与磁场接线柱。搭接后，如电启动机高速空转，说明开关接触盘与接触点严重烧损，不能接通主电路。当电磁开关接盘、触点表面有轻微烧斑时，用“00”号细砂纸磨光；当烧蚀较严重时，接盘可调面使用；当接盘局部熔化不能继续使用时，应换新品。为了保护电磁开关线圈不被烧坏，启动时应将启动按钮按到底，每次启动时间不超过 5 s；若一次启动不了，应间隙 2 min 再启动。非紧急情况，不准用旋具搭火启动。

2. 启动机转动无力

故障现象：启动机转动缓慢无力，带动发电机困难。

故障原因：

(1)蓄电池存电不足或启动电路导线接头松动接触不良；

(2)启动机串联辅助线圈断路或短路；

(3)电枢或励磁绕组有短路处，电枢轴弯曲有时碰到磁极，换向器和电枢见脏污或电刷磨损过短；

(4)启动机轴承过紧或过松。

故障排除：

(1)蓄电池充电；

(2)检查辅助线圈；

(3)检查启动机，修复或更换。

3. 启动机空转

故障现象：接通启动开关，启动机只空转，不能带动主机运转。

故障原因：

(1)飞轮齿圈磨损过快或损坏；

(2)单向离合器失效打滑；

(3)电磁开关铁芯行程太短；

(4)拨叉连接处脱开。

故障排除：

(1)修复或更换；

(2)重新连接。

4. 启动机有异响

故障现象：接通启动开关，听到“嘎嘎”的齿轮撞击声，发动机曲轴不能随着转动。

故障原因：

(1)电磁线圈短路或接线接触不良，产生的磁力太弱；

(2)启动机齿圈或飞轮齿圈损坏；

(3)启动机固定螺栓或离合器壳松动；

(4)电磁开关行程调整不当。

故障排除：

(1)检查启动机固定螺栓或离合器外壳，如果松动应予以调整；

(2)检查啮合的齿轮副，如果磨损严重应予以修理或更换；

(3)检查电磁开关保持线圈是否短路、断路或接触不良，从而使活动铁芯反复地吸入或退出，发生抖动，产生响声；

(4)拨叉拨动离合器不断来回动也会发出响声，可修理或更换电磁开关线圈。

启动系统常见故障部位如图 5-29 所示：

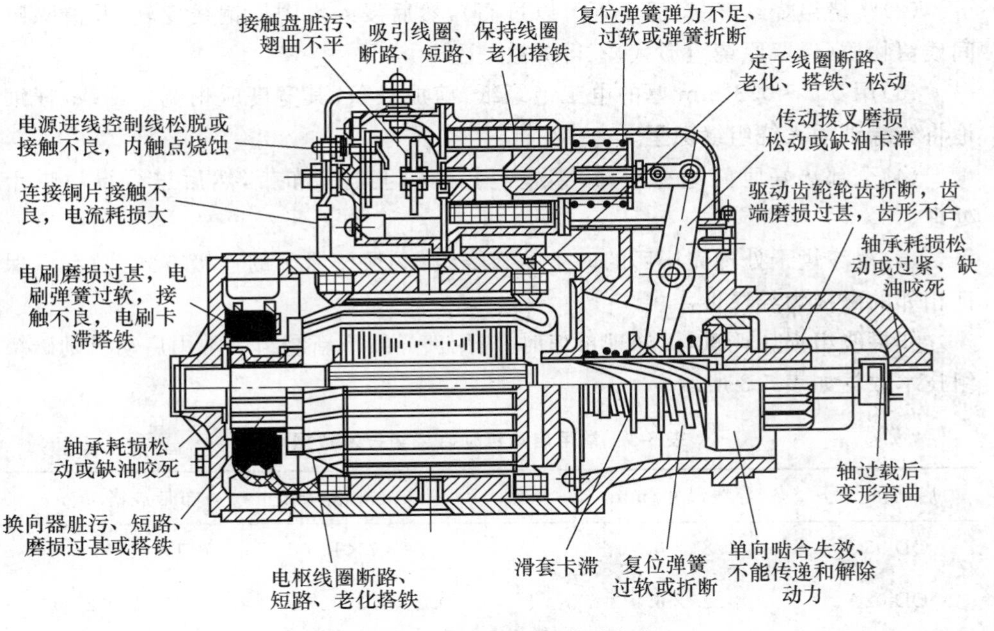

图 5-29　启动系统常见故障部位

任务 21 启动机的修理

一、励磁绕组和电刷绕组

1. 励磁绕组的修理

励磁绕组抽头如在接线处断裂，应用相同规格的铜条铆接加长后施焊。如绕组局部损伤、搭铁，则应拆下局部包扎物，重新用电工布带包扎后进行浸漆处理。若绕组多处损伤或发生匝间短路，则必须更换全部绝缘物重新包扎，其步骤如下：

(1)拆除绕组外部绝缘物。

(2)将绕组烧红（注意温度不可以过高），然后浸入水中使铜线变软，并清除匝间残留物质（保留原绕组形状，不得拆散）。

(3)用 0.2～0.3 mm 厚的电工绝缘纸，剪成长条，其宽度应稍宽于扁线，仔细地将绝缘纸插入绕组缝隙里。

(4)全部垫好匝间绝缘后，按半叠包扎法包上电工布带，然后进行浸漆烘干处理。

(5)浸漆烘干处理完毕后的四个励磁绕组，必须按原来的连接方式连接，以保证相邻的磁极为异极性。

如果绕组损坏严重，无修理价值时，应用新导线重新绕组。常用启动机励磁绕组技术数据如表 5-3 所示。

表 5-3 常用启动机励磁绕组技术数据

启动机型号	导线尺寸/mm	匝数	绝缘纸规格/mm	布带规格/mm
QD-95	1.81×6.9	6	0.2×7×1 260	0.1×20×1 600
QD-02A	1.25×6.9	8	0.2×7.3×2 600	0.55×15×2 900
QD-04	1.45×9.3	10.5	0.2×9.8×3 000	0.15×20×3 200

2. 电枢绕组

除了甩锡、局部断线和端部或尾部有匝间短路可以只进行局部修复外，其他故障均应全部拆除重绕修复。重绕修复步骤如下：

(1)拆除绕组时,应记下元件的整流片节距和元件的槽节距(或称第一节距,前节距),然后烫开绕组端头与换向片的连接,用手钳或其他工具将导线扳直,从电枢的后端将元件抽出。在抽出绕组时,应特别注意勿用力过猛,以免破坏绕组后端部的形状而不易恢复原状。

(2)元件抽出后,修整电枢铁芯,必须使各槽保持平行,无毛刺。应彻底清除槽内残余的绝缘物,并用汽油洗净。然后检查轴的变形情况,检查换向器铜片间有无短路和搭铁短路的情况。若短路严重,应换新,然后将厚度为 0.3～0.4 mm 的青壳纸卷成"S"形,插入电枢各个槽孔内,两头各伸出 3～5 mm,即可进行重绕线工作。

当线匝向电枢铁芯中穿入时,为了防止导线与铁芯相擦而损坏导线绝缘,应将绝缘纸向外露一些,待全部元件插入铁芯后,再轻轻把绝缘纸推向槽内。全部线匝插入铁芯后,应进行一次搭铁和短路检查,查明各元件是否搭铁,处于同槽口中的两个元件边是否短接。若有搭铁或短路,表明该槽内的绝缘纸已破损,应重新更换绝缘纸。然后将位于下层的导线边弯成规则的形状,焊在所对应的换向片上,焊好后,裹上一层绝缘纸,再把上层导线的端头也弯成规则的形状,焊在所对应的换向片上。待全部焊接完毕后,再进行一次搭铁和短路检查。最后用两层绝缘纸把上层端裹好,并用细铁丝绑扎,铁丝的接头拧紧后用锡钎焊牢。最后再进行浸漆烘干绝缘和硬化处理。

二、电磁开关的修理

1. 电磁开关线圈的重绕

经检查,电磁开关线圈有匝间短路或烧毁时,应重绕。方法如下:

(1)烫开电磁开关盖上各连接处的焊锡,拆下紧固螺钉,取下开关盖。

(2)剔开开关壳的铆压边,取出线圈组。

(3)拆除旧线圈,检查线圈架和绝缘压板是否烧毁,若烧毁,可依原样重新制作。

(4)参照表 5-4 所列数据在绕线机上重绕线圈。

绕线时应注意:若两组线圈绕向相同时,可分别一次绕成,中间不要有接头,在线圈间及线圈与线圈架和外壳间均应垫以绝缘纸。两组线圈的起头和末尾应分别留在绝缘压板的一侧,细线起头留 15 mm 左右,粗线起、末头和细线末头留出 50 mm。并在根部套上绝缘管,以防磨掉导线的绝缘漆皮。

(5)将毛毡、线圈组、挡铁放入开关壳后重新铆好。粗、细线圈的末头拧在一起,并用锡钎焊牢,细线起头焊在挡铁上。

表 5-4 电磁开关的技术性能和绕线参数

电磁开关型号		DK-90	DK-02A	DK-04
配用启动机型号		QD-95	QD-02A ST-95 ST-94	QD-04
额定电压/V		12	12	24
吸引电压(不大于)/V		11	11	18
释放电压(不大于)/V		5	5	6
保持线圈	直径/mm	0.8	0.8	0.74～0.8
	圈数	160±5	160±5	195±5
	常温下电阻值/Ω	0.57	0.57	0.76
吸引线圈	直径/mm	1.35	1.35	1.16～1.24
	圈数	160±5	160±5	195±5
	常温下电阻值/Ω	0.275	0.275	0.42

(6)将接触盘、开关盖装上,拧在一起的粗、细线圈的公共末端从电磁开关线圈接线柱的连接片孔中伸出,并焊在该片上;粗、细线圈的起头从电磁开关“磁场”柱上连接片的孔中伸出,并焊牢在该片上。

2. 电磁开关触头和接触盘的修理

(1)触头和接触盘表面只有轻微烧损,可用“00”号砂纸磨光。烧损严重时,接触盘可翻面使用,触头可拆下磨平。当接触盘烧损严重不能继续使用时,可用厚2.5 mm的纯铜板按原尺寸重新配制。安装接触盘时,其前后的每个垫圈、锁片和弹簧的位置不可装错和漏装。当固定触点表面烧蚀严重,磨平后厚度过小时,可用铜焊补焊,焊后应按原尺寸修整。

(2)为了使接触盘与触头在非工作状态下保持一定的间隙,而在工作状态下又能保持足够的压力,修整触头后,应对在开关内触头工作面的位置进行检查和调整。电磁开关触头工作面与开关盒边缘距离应为(17±0.5)mm,机械式开关触头工作面与接触盘间距离为(2.5±0.5)mm。若距离过大,可在触点后加垫;距离过小时应酌情减小工作面的厚度。触头位置确定后,两接触平面相对不平度应小于0.3 mm,若不符应调整。

三、单向离合器的修理

1. 滚柱式单向离合器

常因滚柱和楔形槽磨损而引起打滑。修理方法如下:

(1)若滚柱严重破损、破裂、有麻点等,应更换损坏的滚柱。新滚柱可用工具钢或轴承钢按略大于原尺寸车制,并进行热处理,使表面硬度达标。

(2)用镀铬或镀铁法消除磨损量。修复后的离合器,先将内、外圈的滚柱装在电枢轴上。按传递转矩方向转动时,滚柱与楔槽窄面顶部的距离应大于1.7 mm,反转时应能打滑无卡滞,然后铆压铁罩,如铆不紧可定位焊接加固。

2. 摩擦片式单向离合器

常因螺母松动、卡簧脱落、摩擦片过度磨损等原因引起打滑。如属螺母松动,卡簧脱落,可重新安装;若主被动摩擦片磨损时,可在压环和摩擦片间加薄钢垫片。装配前,应在摩擦片间涂少量石墨润滑脂,并注意不要把压环和特殊螺母的凸缘装反。

3. 弹簧摩擦式离合器

弹簧中部的几圈易产生塑性变形或折断。若变形不严重,不影响转矩传递,可继续使用;若变形严重或折断时,可参照原尺寸用弹簧钢丝重新制作。

四、启动机的装配与调整

1. 装配技术

电动机修理后,装配时应达到以下要求:

(1)电刷在刷架上、下活动自如,电刷弹簧压力应在8.82～14.7 N范围内,电刷与换向器的贴合面应占电刷工作面的80%以上。

(2)电刷轴与铜套的配合间隙应小于0.1～0.15 mm;电枢的轴向间隙应不大于0.5～1 mm,大于1.0 mm时,允许在轴头加垫调整。

(3)电枢铁芯表面和磁极铁芯表面之间的间隙不大于0.55 mm。

(4)拨叉滑柱应正确地安装在拨叉套内,拨叉应与电磁开关铁芯可靠地连接。

(5)启动机大都采用石墨青铜轴承,且无油封装置,在装配启动机轴承时应滴入数滴润滑油或在装配前把轴承放在润滑油中烧煮,但也不宜加油过多,否则使电动机内部油污。

(6)启动机换向器的换向片之间的绝缘物不应割低。

(7)装配后,电枢应转动自如,无卡滞现象和异常响声。

2. 启动机的调整

(1)机械强制式启动机　如ST-8D启动机,其小齿轮端面在不工作时,距前轴承端面为27～28 mm。扳动拨叉使主触头开始接通(可用万用表检查),此时齿轮前端面和前轴承端面之间距离5 mm。如不符,可调整开关顶杆。主触头接通后,开关顶杆应有不少于1 mm压紧触点的附加行程,如不是1 mm,应检查调整触头间隙。驱动齿轮在极限啮合位置时，应与前轴承端面有 2 mm 间隙。如不符，用限位螺钉进行调整。

(2)电磁强制式启动机　ST-95D、ST-95、ST-94、QD-02A 启动机装配时，当电枢小齿轮端面与轴头螺母(或止推垫圈)端面间隙为(8±1) mm 时，活动触桥应接通主触头，且铁芯应有大于 1 mm 的附加行程。如开关接通过早或过晚，可调整在橡皮护套内位于铁芯内连接螺钉的长度，如主电路接通过早，应拧进螺钉；反之拧出，使之符合要求。启动电动机向发动机安装时，应使电枢轴与发动机飞轮端面垂直，不允许偏斜。启动机小齿轮端面与飞轮齿圈端面距离应保持 2.5～5 mm(可用卡尺测量后算出)。如不符，可在启动电动机凸缘平面与发动机安装平面之间增减垫片调整之。

QD-04 型启动机输入电压 24 V，带有摩擦片式单向离合器。组装后，按转矩传递方向，用力旋紧花键套管。此时内花键的端面与花键套的外螺纹凸起之间有 2 mm 间隙。当被动片磨损后，此间隙应小些(1.5～2 mm)。当使用时间不长时，此间隙可稍大(2～2.5 mm)。当小齿轮端面与轴头螺母端面距离 10 mm 时，主电路应接通(用万用表测量)，如不符，可调整偏心距为 1.5 mm 的拨叉轴。由于改变了轴的中心位置，开关接通位置也随之改变。当主电路接通过早时，应松开锁紧螺母转动拨叉轴，使偏心在朝上的位置范围内调整。如主电路接通仍过早，可在外壳与电磁开关接合面添加垫片，使之符合要求。

启动机电枢轴与轴承的配合间隙会影响启动机的输出功率和转矩，应符合表 5-5 所示的数据。

表 5-5　电枢轴与轴承的配合间隙　　mm

名称	标准间隙	允许最大间隙	铜套外圆与孔的公盈
前端盖铜套	0.05	0.1	0.005～0.075
后端盖铜套	0.05	0.1	0.05～0.095
中间轴承支承板铜套	0.15	0.3	0.05～0.095
驱动齿轮铜套	0.06	0.15	0.02～0.095

项目考核

1. 考核内容

(1)启动发动机时，启动时间不能超过________。如需再次启动应停顿约________再作第二次启动，若连续三次以上不能启动则应先检查故障原因，排除后再尝试启动，以免造成蓄电池过放电。

(2)启动机的分解及装复。

(3)准备几个启动机，进行不解体检测，检测吸引线圈性能、保持线圈性能、驱动齿轮回位检测及驱动齿轮间隙的检查，记录相关数据。

(4)准备几个启动机，进行启动机解体后检测，检查直流电动机、传动机构及电磁开关，记录相关数据。

(5)准备几个启动机，进行启动机的常见故障检查与排除，有下列情况的启动机：电启动机接通电路不运转，启动机转动无力，启动机空转和启动机有异响检查故障原因及排除，记录检测的结果及排除故障情况。

(6)启动机的修理，励磁绕组和电刷绕组，电磁开关的修理，记录修理结果，维修后启动机的性能。

2. 考核办法

实训项目活动评价表

学生姓名：	日期：	配分	自评	互评	师评
项目名称	评价内容				
职业素养考核项目40%	劳动保护穿戴整洁	6分			
	安全意识、责任意识、服从意识	6分			
	积极参加教学活动，按时完成学生工作页	10分			
	团队合作、与人交流能力	6分			
	劳动纪律	6分			
	实训现场管理6S标准	6分			
专业能力考核项目60%	专业知识查找及时、准确	15分			
	操作符合规范	15分			
	操作熟练、工作效率	12分			
	实训效果监测	18分			
		总分			
总评	自评(20%)+互评(20%)+师评(60%)		总评成绩		

3. 考核评分标准

(1)正确熟练　赋分为满分的90%～100%。

(2)正确不熟练　赋分为满分的80%～90%。

(3)在指导下完成　赋分为满分的70%～80%。

(4)不能完成　赋分为满分的70%以下。

综合性思考题

一、填空题

1. 启动系统将储存在蓄电池内的________变成________，要实现这种转换，必须使用启动机。

2. 启动系统包括：________、________、________、________、启动机、________等。

3. 启动机由直流电动机、________和控制装置三部分组成。

4. 启动机的调整是指启动机工作时，驱动齿轮的________与启动开关________的配合调整。

5. 做火花强度试验时，为了节省时间，点火线圈可以不加温，在冷状态下试验，应将火花针间隙由7 mm调至________。

6. 启动继电器闭合电压和________是启动继电器工作好坏的两个主要参数。

7. 定子由定子________和________组成。

8. 电刷及电刷架由两只________、________和________组成。

9. 控制装置控制电启动机电路的________；控制驱动齿轮与飞轮齿圈的________与________。

10. 电磁开关结构由吸引线圈与电动机________，保持线圈与电动机________，活动铁芯一端通过接触盘控制主电路的________；另一端通过拨叉控制驱动齿轮的________。

11. 电磁转矩的产生是由直流电动机将________转变为________的装置，根据带电导体在磁场中受到________作用的这一原理制成。

二、简答题

1. 简述启动系统主要由哪些部分组成。

2. 简述电启动机一般由哪三部分组成。

3. 简述直流电动机转矩自动调节原理。

4. 简述电启动机的电磁开关的工作原理。

5. 启动时，启动机不转，试分析原因及排除方法。

6. 使用启动机应注意哪些事项？

项目六　发电机与调节器的使用与维护

项目说明

本教学项目属于技能训练模块，主要是掌握发电机与调节器的使用与维护；了解发电机的作用、类型及结构；掌握发电机的工作原理，同时掌握发电机的拆卸与装配技能。技能训练时以校内实训室和实训基地为依托，理实结合，教学做一体化。结合多媒体教学、实验观察和利用课程网站引导学生自主学习，并通过布置综合性思考题的方式，巩固学生的基础知识和基本技能。

基本知识

一、发电机的作用

农业机械上虽然装有蓄电池，但蓄电池存储的电能非常有限。例如启动发动机时，启动机要消耗大量电能，若不及时对其进行补充充电，就不能满足机械上不断增多的用电设备的要求，也就很难保证机械的频繁启动与正常运行。发电机的作用是将发动机的部分机械能变成电能，向除启动机以外的所有用电设备供电，并及时对蓄电池进行补充充电，所以说发电机是农业电气系统的主要电源。

二、发电机的类型

发电机可分为直流发电机和交流发电机，由于交流发电机与直流发电机相比，具有体积小、重量轻、结构简单、维修方便、使用寿命长、配用的调节器简单、产生的无线电干扰信号弱等诸多优点，因此交流发电机被广泛采用。交流发电机，采用二极管整流，输出直流电，因此交流发电机也称为硅整流发电机。交流发电机可按总体结构、整流结构、搭铁形式、散热形式等进行分类。

1. 按总体结构分类

(1)普通交流发电机　既无特殊装置,也无特殊功能与特点的交流发电机,如JF132型发电机。

(2)整体式交流发电机　内装电子调节器的交流发电机,如JFZ32型发电机。

(3)无刷交流发电机　无电刷和集电环结构的交流发电机,如JFW2621型发电机。

(4)带泵交流发电机　带真空制动助力泵的交流发电机,如朝柴6102发动机装用的JFB2729型发电机。

(5)永磁交流发电机　转子磁极采用永磁材料的交流发电机,如JFY系列。

上述分类并不相互排斥,有的发电机既是整体式又带泵,如JFB2729型发电机;有的发电机既是无刷的又是整体式,如JFW2621型发电机;还有的发电机既是无刷结构,又带泵和调节器,如东风型车用的JFB1622型发电机。此外,随着新技术的应用,混合励磁式发电机和水冷式发电机等新型结构不断涌现。

2. 按整流器结构分类

(1)六管交流发电机　其整流器由六个硅整流二极管组成三相桥式全波整流电路,可以采用单个的硅整流二极管压装,也可以采用在极板上烧结硅管组成整流组件。

(2)八管交流发电机　其整流器总成有八个硅整流二极管,除六个组成三相桥式全波整流外,在定子绕组中性线输出端上也接有两个硅整流二极管,用以对三相电路不均衡产生的中性点波形进行整流。

(3)九管交流发电机　在六管交流发电机的基础上又增加了三个励磁二极管,组成两套三相桥式全波整流电路,提供电压检测点和励磁电流。

(4)十一管交流发电机　在八管交流发电机的基础上,其整流器增加了三个励磁二极管。

3. 按励磁绕组搭铁形式分类

(1)内搭铁式发电机　励磁绕组的一端与发电机端盖相连接的交流发电机。

(2)外搭铁式发电机　励磁绕组的一端经调节器后搭铁的交流发电机。

由于整体式交流发电机调节器装在发电机内部,不论是内搭铁还是外搭铁对机械电路均无影响。因此,内、外搭铁形式的区别只针对非整体式发电机。在使用时,必须与同样搭铁方式的调节器相配用,才能正常工作。

4. 交流发电机按散热形式分类

(1)密封式发电机　其两端端盖密封,端盖上制有很多散热助,通过风扇带动空气流通使端盖散热。这种形式散热效果较差,只适用于小功率、有特殊使用环境要求的场所。

(2)普通单外风扇发电机　在两端盖上制有通风孔,通过风扇抽风,使冷空气流经电机内部带走热量,散热效果一般。

(3)内外双风扇发电机　在端盖外面和内部各装有一个风扇,通过抽风实现散热,散热效果较好。

(4)双风扇发电机　在两端盖内装有两风扇,分别装在两磁极背面。这种结构散热效果好,但成本较高、结构较复杂,一般用在轿车和轻型客车等功率要求较高的车辆上。

三、硅整流发电机的结构

由于硅整流发电机具有体积小、重量轻、发电能力强、结构简单及维修方便等优点,因此在农业机械上得到了广泛的应用。

硅整流发电机实质上是自励式三相交流同步发电机,发出的是三相交流电,通过三相桥式整流器变成直流电。由于硅整流发电机输出电压既随发电机转速变化(转速升高,电压升高)又随负荷变化(负荷增加,电压下降),必须与调节器配合才能正常工作。

硅整流发电机主要由转子、定子、电刷及电刷架、风扇、皮带轮、前后端盖等组成,如图 6-1 所示。

(1)转子　转子是硅整流发电机的磁场部分,转子的结构如图 6-2 所示,转子的作用是产生旋转磁场。主要由两块爪极、磁场绕组、轴和滑环等组成。每个爪极有 4 个爪指,两爪极的爪指互相嵌合,爪极的内腔有磁轭,上有绕组,绕组两端分别接到与轴绝缘的集电环上,再经电刷去接励磁电源,通电后形成 6 对相互交错的磁极。

(2)定子　又称电枢,定子作用是产生三相交流电。定子由定子铁芯和定子绕组组成。铁芯由硅钢片叠成,内侧有 24 个槽,槽内嵌上绕组,每 8 个绕组串为一相,分为三相对称的定子绕组,其相位差为 120°,一般用 Y 形连接,相头与整流器的硅二极管相接,相尾接在一起,形成中性点 N(图 6-3)。

(3)电刷及电刷架　硅整流发电机有两只电刷、电刷弹簧和电刷架。电刷架安装在后端盖上,两电刷分别装在电刷架的两个方形孔内。电刷用石墨粉压制而成,带有一条多股铜质引线。电刷外端装有弹簧,依靠弹簧使电刷与滑环紧密接触,给发电机转子绕组提供磁场电流。电刷架结构有两种形式,一种是拆装电刷在外部进行,另一种是拆装电刷必须在发电机内部进行。

两电刷的引线分别接后端盖上的两个接线柱,按接线柱形式的不同,发电机被

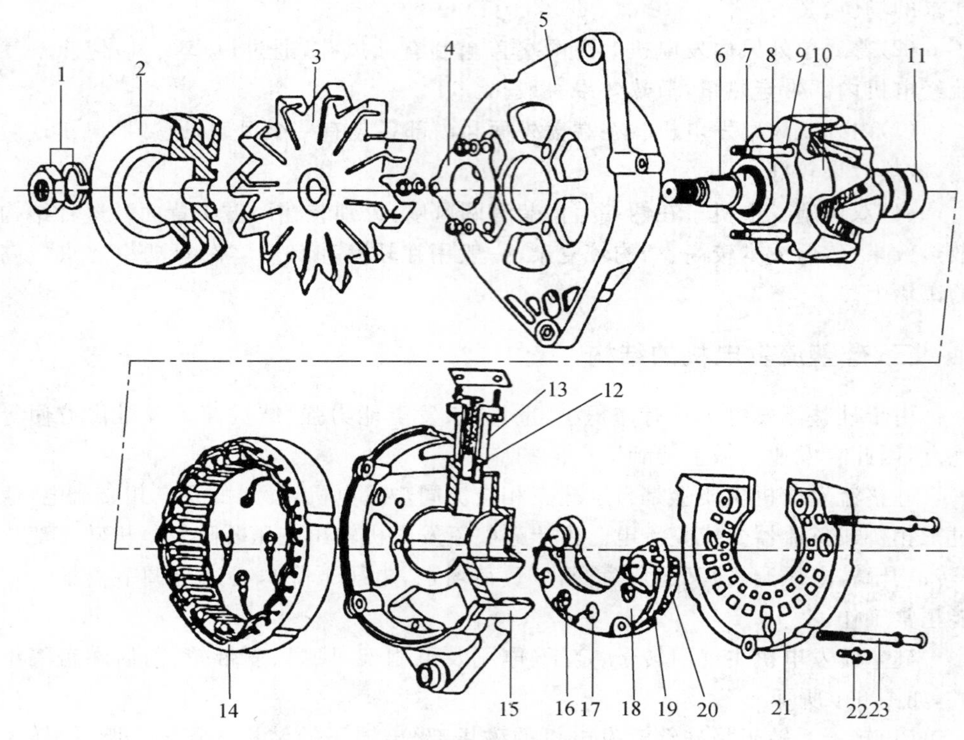

图 6-1　发电机结构

1. 紧固螺母及弹普热圈　2. 带轮　3. 风扇　4. 前轴承盖　5. 前端盖　6. 半圆键　7. 宗位套筒　8. 前轴承(个封闭式)　9. 轴承正紧固螺栓　10. 转子总成　11. 后轴承(个封闭式)　12. 电刷　13. 电刷架　14. 定子总成　15. 后端盖　16. 正极管　17. 负极管　18. 绝缘板　19. 搭铁散热板　20. 绝缘散热板　21. 防护罩　22. 防护罩固定螺钉　23. 拉紧螺栓

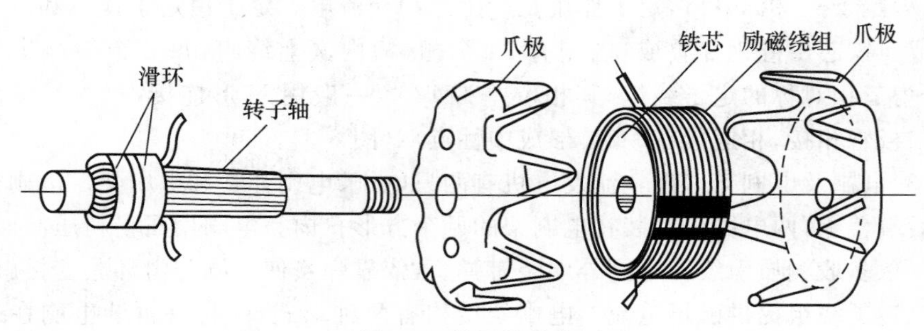

图 6-2　转子的结构

分成内搭铁和外搭铁两种形式。其中内搭铁式发电机的一个接线柱与后端盖绝缘，称为“磁场”接线柱，标记“磁场”或“F”；另一接线柱与后端盖直接接触（搭铁），称为“搭铁”接线柱，标记“搭铁”或“－”。外搭铁式发电机的两接线柱都与后端盖绝缘，分别标记“F1”、“F2”。工作时，励磁绕组的一端须经调节器接在发电机外部搭铁。

（4）整流器　整流器的作用是将发电机定子绕组产生的三相交流电变换为直流电，一般由6只硅整流二极管及散热板组成桥式整流电路。整流二极管的外形如图6-4所示，二极管的外壳和中心引线分别是它的两个电极。按中心引线极性的不同，二极管有两种形式：一种是中心引线为二极管的正极，称正极管；另一种是中心引线为二极管的负极，称负极管。为便于区分，正极管管壳的顶部涂有红色标记，负极管管壳的顶部涂有黑色标记。负极管压装在后端盖上，正极管压装在元件板上。元件板与后端盖绝缘并通过与后端盖绝缘的螺栓引出，作为发电机的火线接线柱，标记为“电枢”或“＋”。元件板由铝合金材料制成，以利散热，它固定在后端盖内。

图6-3　定子结构图

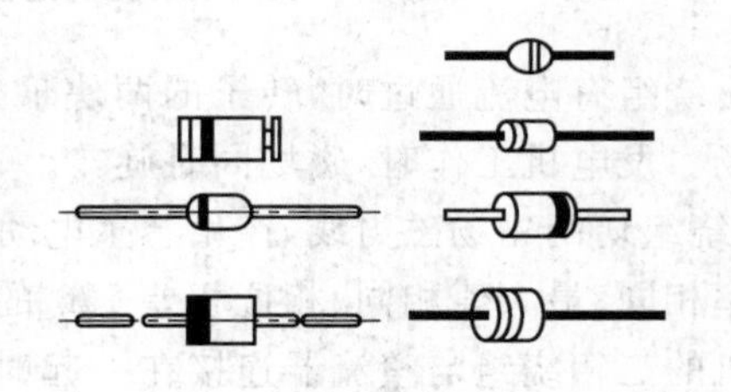

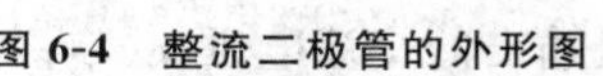

图6-4　整流二极管的外形图

有些发电机将同一极性的硅整流元件直接制作在一块散热板上，制成整体式整流器。这种形式的整流器只要有一只二极管损坏，整个整流器即报废，但整体式整流器更换维修方便，因而应用也较广泛。

（5）前、后端盖　前、后端盖由非导磁材料铝合金制成，漏磁少、轻便、散热性好。前、后端盖分别装有轴承，用来支撑转子。伸出前端盖外面的转子轴上装有风扇和带轮。后端盖内装有整流器，盖外有三个接线柱，其中“＋”为电枢绕组柱，“F”为励磁绕组柱，“－”为搭铁柱。电刷装在后端盖上的电刷架内，靠弹簧的压力与集电环保持接触，其中一个电刷与“－”接线柱连接，另一个与“F”接线柱相连。

（6）风扇及皮带轮　发电机前端装有皮带轮，皮带轮一般用铸铁或铝合金铸造而成,有双槽和单槽之分。发动机通过风扇传动带驱动发电机旋转,风扇可对发电机强制通风冷却,风扇一般用低碳钢板冲压而成。

四、发电机的工作原理

1. 发电机原理

硅整流发电机的三相定子绕组是对称的。即每相绕组的个数及每个线圈的匝数都相等,绕组的绕法也相同,且按相同的规律分布在定子铁芯的槽中,它们之间互差120°电角度,绕组的接法见图6-5(a)。发电原理如下:

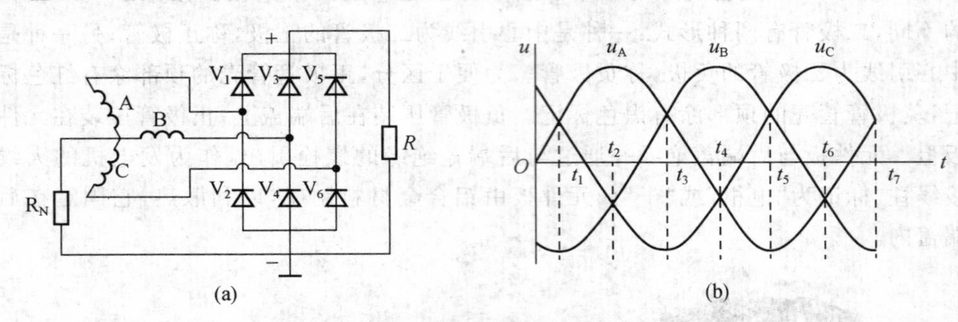

图6-5 发电机绕组的连接及整流波形

当励磁绕组有电流通过时,转子的两块爪极被磁化,形成了N、S极相互交错的三对磁场。发电机工作时,磁场同时旋转。于是,定子三相绕组与磁场发生相对运动,定子绕组切割磁场磁力线,产生感生电动势。三相定子绕组所产生的感生电动势是频率相同、最大值相同、相位相差120°的三相对称正弦交流电动势。

发电机的三相绕组与整流器连接在一起时,三相绕组向整流器输出三相交流电,发电机输出的交流电压u_A,u_B,u_C也是对称的,电压波形见图6-5(b)。

2. 整流原理

利用二极管的单向导电性,组成三相桥式全波整流电路,将电枢绕组产生的三相交流电变为直流电。

(1)二极管的导通原则　硅二极管具有单方向导电特性,只要二极管正极的电位交于负极电位,管子呈低电阻,处于"导通"状态,反之管子呈交电阻,处于"截止"状态。电枢绕组输出的三相交流电,在某一瞬间有一相电压最高,同时还有一相电压最低,接在电压最高的相线上的正极管获得正向电压导通。同时,接在电压最低的相线上的负极管也获得正向电压导通(此时相线上的电位低于接地电位,或者说,接地电位高于该相线电位,因而该二极管导通)。其余四个二极管皆因承受反向电压而截止。由于这两个二极管的导通,整流器的"+"端电位最高,"−"端电位最低，将发电机两相线之间的电压（线电压）加在负载 R 上。

由于三只正二极管（VD_1、VD_3、VD_5）的正极分别接在硅整流发电机三相绕组的始端（A，B，C）上，它们的负极又通过散热板连接在一起，所以三只正二极管的导通原则是在某一瞬间正极电位最高者导通；由于三只负二极管（VD_2、VD_4、VD_6）的负极与硅整流发电机三相绕组的始端相连，其正极通过散热板连接在一起，所以三只负二极管的导通原则是在某一瞬间负极电位最低者导通；三相整流电路如图 6-6(a)所示，整流过程如图 6-6(b)所示。

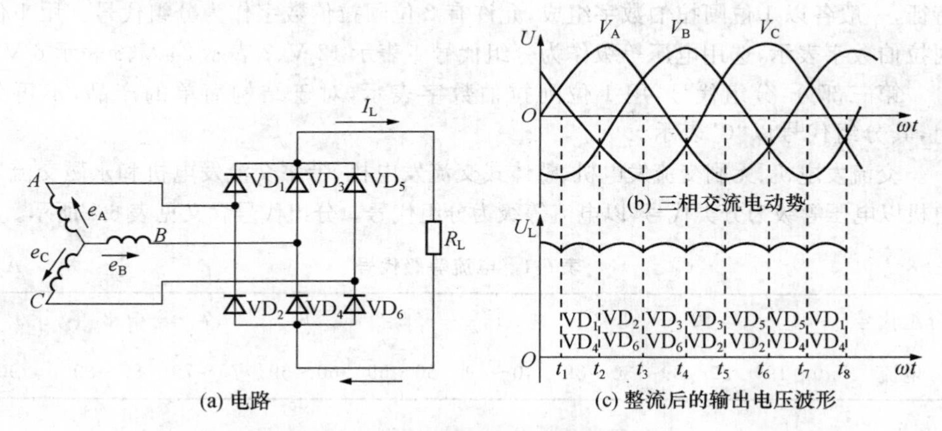

图 6-6 三相桥式整流电路及电压波形

(2)发电机的励磁方式　当硅整流发电机低速运转时，发电机电压低于蓄电池电动势，由蓄电池供给磁场绕组激励电流，称为他励。由于激磁电流较大，磁极磁场很强，从而使发电机很快建立电压。当发电机转速够高时，其电压高于蓄电池电动势，磁场绕组的激磁电流由发电机自给，称为自励。

由于硅整流发电机低速运转时，由蓄电池向激磁线圈供电，建立电压快；发动机与发电机之间的传动比大，所以硅整流发电机低速充电性能好。

硅整流发电机的激磁电流通断路由开关控制，车辆停驶发动机熄火后，将开关断开，蓄电池不会再对磁场绕组供电而烧坏磁场绕组。

五、整流发电机型号

根据 QC/T 73—1993 的规定，硅整流发电机型号由六部分组成：

第一部分：产品代号，按产品的名称适当选择其中 2～3 个单字，并以该单字汉语拼音的第 1 个大写字母组成。产品代号用 2 个字母组成时，则按先后顺序排列；若产品代号需用 3 个字母组成时，则将表示产品特征的字母放在基本名称的字母之后。

JF—交流发电机

JFW—无刷交流发电机

JFZ—整体式交流发电机

JFB—带泵交流发电机

JFY—永磁交流发电机

第二部分:分类代号,按各种产品的电气参数、结构和用途等,选取其中两个主要特征,一般各以1位阿拉伯数字组成,允许有2位阿拉伯数字作为分组代号。用1位阿拉伯数字表示,选用电压等级作为分组代号1表示12 V、2表示24 V、6表示6 V。

第三部分:分组代号,用1位阿拉伯数字表示,对于结构简单的产品,不再分组,其分组代号以“0”表示。

交流发电机、无刷交流发电机、整体式交流发电机、带泵交流发电机和永磁交流发电机以电压等级为分类代号,以电流等级为分组代号。分组代号含义见表6-1所示。

表6-1 电流等级代号 A

分组代号	1	2	3	4	5	6	7	8	9
电流	0～19	20～29	30～39	40～49	50～59	60～69	70～79	80～89	≥90

第四部分:用途代号,用途代号应符合表6-2的规定。

表6-2 用途代号

用途代号	1	2	3	4	5	6	7	8	9
用途	—	冷、暖风	刮水	门窗	洗涤	座椅	泵	电风扇	其他

第五部分:设计序号,按产品设计先后顺序,以1～2为阿拉伯数字组成。

第六部分:变形代号,硅整流发电机是以发电机调整臂的位置作为变形代号。从驱动端看,调整臂在中间不加标记;在右侧用“Y”表示;在左侧用“Z”表示。

六、电压调节器的作用与类型

(一)电压调节器的作用

调压器的作用是通过调节发电机的励磁电流,来保证交流发电机输出电压不受转速和用电设备变化的影响,使其保持稳定。

由于发电机的输出电压$U=C\Phi n$,对某一台发电机,C是常数。在工作过程中，转速 n 是不断变化的，要使发电机端电压保持不变，可以通过改变磁通量 Φ 的大小来进行调节，而磁通量的大小是由励磁电流决定的。因此，当发电机转速增高时，可以减小励磁电流使磁通量减小，保持发电机的输出电压不变；反之，当发电机转速降低时，增大励磁电流。因此电压调节器的作用就是在发电机转速变化时，自动改变励磁电流的大小，使发电机输出电压保持不变。为了保证用电设备正常工作，防止蓄电池过充电及损坏电子装置，硅整流发电机必须配用电压调节器，使其输出电压保持不变。

（二）电压调节器的类型

常用电压调节器有机械振动触点式调节器和电子式调节器两种。机械振动触点式调节器按触点数目又分双级式触点式和单级式触点式；电子式调节器又分为晶体管式、集成电路式和可控硅式。

触点式调节器存在着以下缺点：触点间存在电火花，触点容易烧蚀、故障多，且产生无线电干扰。由于动铁芯的机械惯性和磁滞惯性较大，工作频率低，输出电压脉动大。结构复杂、体积大。为克服触点式调节器的上述缺点，现代车辆上广泛使用电子式调节器。

（三）调节器的基本原理

1. 单极触点式电压调节器

FT111 型单极触点式电压调节器的结构如图 6-7 所示。其工作原理如下：接通点火开关，在发电机电压建立的过程中或发电机电压已建立（高于蓄电池电压）但低于调节电压值（13.8～14.6 V）时，调节器触点处于闭合状态。发电机所需的激磁电流由蓄电池（或发电机）供给，其电路为：

蓄电池（或发电机）（＋）→电流表→点火开关→调节器正接线柱→磁轭→活动触点臂→触点 K→固定触点臂→调节器磁场接线柱→发电机“F”接线柱→激磁线圈→搭铁→蓄电池（或发电机）（－）。

当发电机转速上升，发电机电压达到或大于调节电压值后，由于磁化线圈的作用，铁芯吸力增强，克服了弹簧拉力，触点张开。此时，激磁电流经过加速电阻和调节电阻构成回路。由于激磁回路串入电阻，激磁电流减小，发电机电压下降。当电压下降至一定值，磁化线圈的磁通量减弱，铁芯吸力减小。在弹簧的作用下，触点重新闭合，加速电阻和附加电阻被短路，激磁电流又经触点构成回路，激磁电流回升，发电机电压回升。当发电机电压上升后，触点又张开，如此周而复始开闭触点，在发电机极限转速范围内，电压稳定在规定的范围内。

电容 C、二极管 VD、轭流圈 L_2 构成灭弧系统，灭弧系统的工作原理：在触点打开的瞬间，由于励磁电流减小，在励磁绕组中就产生了自感电动势，并正向加在二极管 VD 上。感应电流通过二极管 VD 和轭流线圈 L_2 构成了回路，同时电容 C 与轭流线圈 L_2 串联后并联在触点两端，也限制了自感电动势的增长，保护了触点，用来吸收自感电动势。轭流线圈 L_2 的作用是在触点打开时，感应电流通过它产生退磁作用，以加快触点的闭合，提高了触点振动频率，使电压更趋稳定。

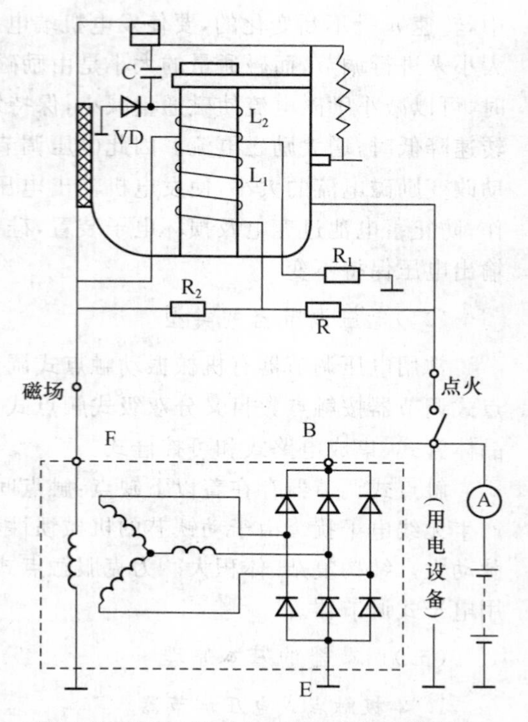

图 6-7 FT111 型单极触点式电压调节器

R_1. 加速电阻(4 Ω) R_2. 调节电阻(150 Ω) R_3. 温度补偿电阻(15 Ω) L_1. 磁化线圈(900 匝) L_2. 轭流线圈(15.5 匝) VD. 二极管(2CZ85D) C. 电容器

2. 电子调节器

电子调节器是利用三极管的开关特性制成的。即将三极管作为一只开关串联在发电机的磁场电路中，根据发电机输出电压的高低，控制三极管的导通和截止，从而调节发电机的激磁电流，使发电机输出电压稳定在一定范围内。

电子调节器按所匹配的交流发电机搭铁形式可分为内搭铁型电子调节器和外搭铁型电子调节器。

内搭铁型电子调节器：适合于与内搭铁型交流发电机所匹配的电子调节器称为内搭铁型调节器；

外搭铁型电子调节器：适合于与外搭铁型交流发电机所匹配的电子调节器称为外搭铁型调节器。

电子调节器有多种形式，其内部电路各不相同，但工作原理可用基本电路工作原理去理解。都是根据发电机端电压的变化，使稳压管及时地导通或截止，进一步控制大功率晶体管饱和导通与截止，接通或切断发电机励磁电流，使发电机端电压保持不变。

如图 6-8 所示为内搭铁型电子调节器的基本电路原理。内搭铁型电子调节器基本电路的特点是晶体管 VT_1、VT_2 采用 PNP 型，发电机的励磁绕组连接在 VT_2 的集电极和搭铁端之间，与外搭铁型电路显著不同，电路工作原理和结构与外搭铁型电子调节器类似。

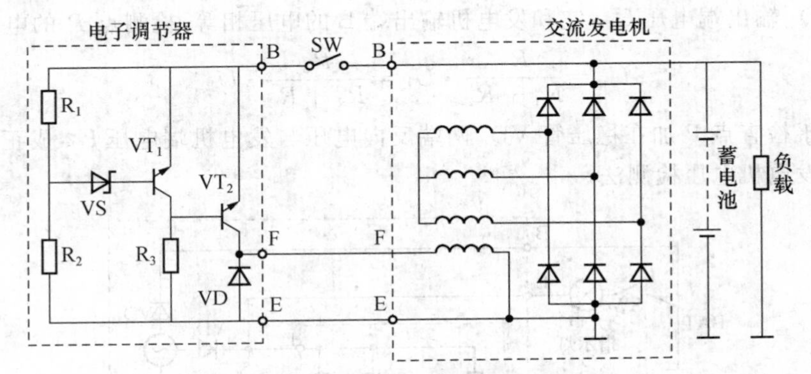

图 6-8　内搭铁式电子调节器的基本电路

(1)点火开关 SW 刚接通时,发动机不转,发电机不发电,蓄电池电压加在分压器 R_1、R_2 上,此时因 UR_1 较低不能使稳压管 VS 的反向击穿,VT_1 截止,VT_1 截止使得 VT_2 导通,发电机磁场电路接通,此时由蓄电池供给磁场电流。随着发动机的启动,发电机转速升高,发电机他励发电,电压上升。

(2)当发电机电压升高到大于蓄电池电压时,发电机自励发电并开始对外蓄电池充电,如果此时发电机输出电压 U_B<调节器调节上限 U_{B2},VT_1 继续截止,VT_2 继续导通,但此时的磁场电流由发电机供给,发电机电压随转速升高迅速升高。

(3)当发电机电压升高到等于调节上限 U_{B2} 时,调节器对电压的调节开始。此时 VS 导通,VT_1 导通,VT_2 截止,发电机磁场电路被切断,由于磁场被断路,磁通下降,发电机输出电压下降。

(4)当发电机电压下降到等于调节下限 U_{B1} 时,VS 截止,VT_1 截止,VT_2 重新导通,磁场电路重新被接通,发电机电压上升。周而复始,发电机输出电压 U_B 被控制在一定范围内,这就是外搭铁型电子调节器的工作原理。

如此反复,发电机电压就稳定在规定值上。

3. 集成电路调节器

集成电路式调节器一般是将集成电路与部分不便于集成的电子元件焊接在一起。其工作原理与晶体管调节器相同,这种调节器具有体积小、质量轻、调节精度高等优点,可将其装在发电机内部,形成整体式发电机。

集成电路调节器是利用集成电路(IC)组成的调节器,如果它直接在发电机上检测发电机的输出电压称为发电机电压检测法;如果用连接导线检测蓄电池的端电压来调节发电机的输出电压称为蓄电池电压检测法。

(1)发电机电压检测法　如图 6-9 所示,加在电阻 R_1、R_2 上的电压是励磁二极管 VD_L 输出端电压 U_L,它和发电机输出端 B 的电压相等,检测点 P 的电压为:

$$U_p = \frac{R_2}{R_1 + R_2} \cdot U_L = \frac{R_2}{R_1 + R_2} \cdot U_B$$

由于检查点 P 加在稳压管 VD_1 两端反向电压与发电机端电压 U_B 成正比,所以称为发电机电压检测法。

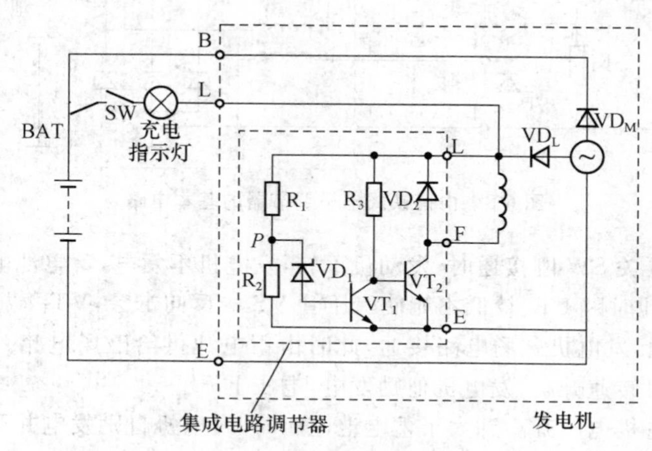

图 6-9　发电机电压检测法

关闭车上所有电器,启动发动机保持在 2 000 r/min,测量蓄电池的空载充电电压,应比参考电压(原蓄电池端电压)高些,但不超过 2 V;仍在 2 000 r/min 时,接通所有电器,测量蓄电池负载电压,应至少高出参考电压 0.5 V。

(2)蓄电池电压检测法　如图 6-10 所示,加在 R_1、R_2 上的电压是蓄电池端电压 U_{BE},此时,检测点 P 的电压为:

$$U_p = \frac{R_2}{R_1 + R_2} \cdot U_{BE}$$

通过检测点 P 加到稳压管上的反向电压与蓄电池电压成正比,因此称为蓄电池的电压检测法。与发电机电压检测法相比,减少了电路中的电压降,用这种方法可以直接控制蓄电池的充电电压。

发电机电压检测法与蓄电池电压检测法的最大区别在于,前者所取信号直接来自于发电机的输出端,后者则来自于蓄电池的端电压。相比而言,采用发电机电压检测法可省去信号输入线,缺点是当发电机至蓄电池电路上的压降损失较大时,可导致蓄电池的端电压偏低引起蓄电池充电不足。因此,一般大功率发电机多采用蓄电池电压检测法,使蓄电池的端电压得以保证。但采用蓄电池电

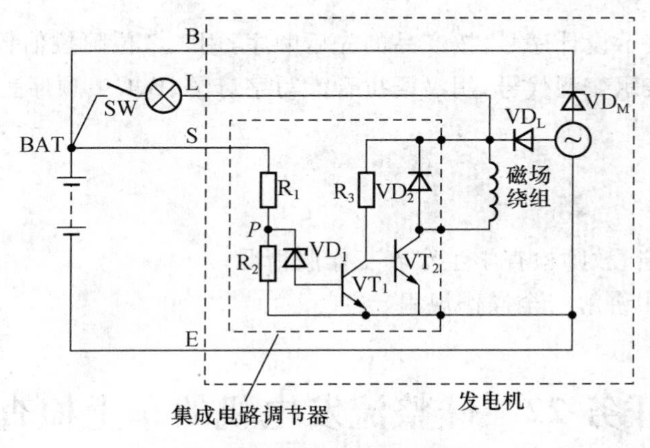

图 6-10　蓄电池电压检测法

压检测法，若发电机的电压输出线或信号输入线断路时，由于无法检测发电机的工作情况，则会造成发电机电压失控现象。故在大多数实用电路中，对其电路做了相应改进。

在使用过程中，对于晶体管调节器，最好使用说明书中指定的调节器。如果采用其他型号替代，除标称电压等规定参数与原调节器相同外，代用调节器必须与原调节器的搭铁形式相同，否则，发电机可能由于励磁电路不通而不能正常工作。对于集成电路调节器，必须是专用的，是不能替代的。

七、调节器的型号

根据中华人民共和国行业标准，调节器的型号由五部分组成：

第一部分表示产品代号，用 2 个或 3 个大写汉语拼音字母表示。有 FT 和 FDT 两种，分别表示有触点的电磁振动式调节器和无触点的电子调节器。

第二部分表示电压等级代号，用 1 位阿拉伯数字表示，1 表示 12 V、2 表示 24 V、6 表示 6 V。

第三部分表示结构形式代号，用 1 位阿拉伯数字表示，其含义如表 6-3 所示。

表 6-3　结构形式代号

结构形式代号	1	2	3	4	5
有触点电压调节器	单连	双连	三连		
无触点电压调节器				晶体管	集成电路

第四部分表示设计序号，按产品的先后顺序，用1、2位阿拉伯数字表示。

第五部分表示变型代号，用汉语拼音大写字母A、B、C…顺序表示（不能用O、I）。

实训准备

1. 集队点名，教师检查学生穿着工作服情况；
2. 教师集中讲解安全操作规程。

任务22 硅整流发电机的车上检查

一、硅整流发电机使用注意事项

（1）蓄电池必须负极搭铁，不得接反。否则，蓄电池将通过整流二极管短路放电，使整流二极管立即烧坏。

（2）发电机运转时，不能用刮火的方法检查发电机是否发电，否则，容易损坏调节器触点及发电机二极管。应采用万用表、低压试灯检查。低压试灯可用汽车仪表灯泡或发光二极管制作。

（3）一旦发现发电机不发电或充电电流很小时，就应及时找出故障并予以排除，不应再继续运转。如一只二极管短路，发电机就不能正常输出电压，并会导致其他二极管或定子绕组被烧坏。

（4）整流器的6只二极管与定子绕组相连时，禁止用高阻表（摇表）或220 V交流电源检查发电机的绝缘情况，否则将使二极管击穿而损坏。

（5）发动机自行熄火时，应将点火开关断开，否则蓄电池将长期经励磁绕组和调节器放电。

（6）发动机运行时，不得随意切断发电机与蓄电池之间的导线。以免产生过电压，损坏电子元器件。

（7）配用专用调节器，确保连线正确可靠。

二、硅整流发电机的车上检查

1. 检查传动带的外观

用肉眼观察传动带有无磨损，带与带轮啮合是否正确。如有裂纹或磨损过度，应及时更换同种规格型号的传动带，V 形带应两根同时更换。

2. 检查传动带的挠度

带过松会造成带轮与带之间打滑，使发电机输出功率降低，发动机水温过高；带过紧易使带早期疲劳损坏，加速水泵及发电机轴承磨损。所以应定期检查带的挠度。检查方法：在发电机带轮和风扇带轮中间用 30～50 N 的力按下带，带的挠度应为 10～15 mm。若过松或过紧，应松开发电机的前端盖与撑杆的锁紧螺栓，扳动发电机进行调整，松紧度合适后，重新旋紧锁紧螺栓。

3. 检查有无噪声

当硅整流发电机出现故障（特别是机械故障，如轴承破损、轴弯曲等）后，在发电机运转时会产生异常噪声。检查时可逐渐加大发动机油门，使发电机转速逐渐提高，同时监听发电机有无异常噪声。如有异常噪声，应将发电机拆下并分解检修。当 V 带运转时有异响并伴有异常磨损时，应检查曲轴带轮、水泵带轮、发电机带轮是否在同一旋转平面内。

4. 检查导线连接情况

（1）检查各导线端头的连接部位是否正确；

（2）发电机“B”接线柱必须加装弹簧垫圈；

（3）采用插接器连接的发电机，其插座与线插头的连接必须锁紧，不得有松动现象。

任务 23　发电机拆卸前的检测

一、硅整流发电机的车上检测

（1）首先调整好硅整流发电机皮带张紧度，然后拆除发电机上的所有导线；

（2）用一根导线把硅整流发电机的“B”接线柱与“F”接线柱连起来；

（3）把万用表拨至直流电压 0～50 V 一挡，将正测试棒接“B”接线柱，负测试棒接外壳；

（4）启动发动机，并把硅整流发电机“B”接线柱拆下的来自蓄电池的火线碰一下发电机的“F”接线柱，对硅整流发电机进行他励。然后将火线移开，缓缓提高发动机转速；

（5）观察电压表，若电压表所指示的电压值随转速升高而增大，则说明硅整流发电机良好；若电压表无指示，则说明硅整流发电机不发电，应进一步检查；

(6)可以用试灯代替电压表做上述检测,试灯亮表明硅整流发电机良好,试灯不亮,则表明硅整流发电机有故障。

二、硅整流发电机的不拆卸检查

1. 测量各接线柱之间的电阻

用万用表测量发电机各接线柱之间的电阻值,若测量值不符合规定,则表示发电机有故障。正常情况下其阻值应符合表 6-4 所示。

表 6-4 硅整流发电机的各接线柱之间的电阻 Ω

发电机型号	“F”与“E”之间的电阻	“B”与“E”之间的电阻		“F”与“B”之间的电阻	
		正向	反向	正向	反向
JF11 JF13 JF15 JF21	5～6	40～50	>1 000	50～60	1 000
JF12 JF22 JF23 JF25	19.5～21	40～50	>1 000	50～70	1 000

注意:用不同形式的万用表测量的电阻值并不完全相同,但其变化趋势是相同的。若“F”与“E”之间的电阻值超过规定值,说明电刷与滑环接触不良;电阻值小于规定值,表明激磁绕组有匝间短路;如电阻值为零,则说明滑环之间短路或“F”接线柱搭铁。

若用万用表的“－”测试棒搭发电机外壳,“＋”测试棒搭发电机“B” 接线柱,表针指示在 40～50 Ω 之间,说明二极管正常,则说明装在端盖上或元件板上的二极管中有损伤或已被击穿短路。

如果发电机具有中性点“N”接线柱时,用万用表 R×1 挡测量“N”与“B”以及“N”与“E”之间的正、反向电阻值,可进一步判断故障所在处,详见表 6-5。

2. 用试验台进行发电试验

用试验台测试出发电机空载转速和满载转速,如果空载转速过高或达到规定满载转速时发电机的输出电压过小,则表示发电机有故障。

表 6-5　发电机“N”与“B”以及“N”与“E”之间的电阻值及二极管的诊断　Ω

测试部位	正向电阻	反向电阻	诊断
“N”与“B”接线柱间	10	1 000	元件板上正极二极管良好
	0	0	元件板上正极二极管短路
“N”与“E”接线柱间	10	1 000	后端盖上负极二极管良好
	0	0	后端盖上负极二极管短路或搭铁

任务 24　硅整流发电机拆解与装配

一、硅整流发电机拆解步骤

(1)拧下电刷组件的两个固定螺钉,取下电刷组件；

(2)拧下后轴承盖的三个固定螺钉,取下后轴承防尘盖,再拧下后轴承处的紧固螺母；

(3)拧下前、后端盖的连接螺栓,轻敲前、后端盖,使前、后端盖分离；

(4)从后端盖上拆下定子绕组端头,使定子总成与后端盖分离；

(5)拆下整流器总成；

(6)拆下皮带轮固定螺母,从转子上取下皮带轮、半圆键、风扇和前端盖；

(7)用布或棉纱蘸适量清洗剂擦洗转子绕组、定子绕组、电刷及其他机件。

二、硅整流发电机的装配

按拆解相反顺序组装,组装完毕后使用万用表检测各接线柱与外壳之间的电阻值,应该符合参数要求。否则应该拆解重装。

任务 25　硅整流发电机解体后检测

一、转子的检测

转子的检测包括:检测励磁绕组、搭铁检查、转子轴和轴承的检修、滑环的检修。

1. 检测励磁绕组

如图 6-11 所示,用万用表 R×1 挡检测两集电环之间电阻,应与标准相符。若阻值为"∞",说明断路;若阻值小于规定值,说明短路。

2. 搭铁检查

将万用表的一个测试棒触及滑环,另一个试棒触及爪极或转子轴,如图 6-12 所示。测得的阻值应为无限大,说明绕组与铁芯绝缘良好,否则说明滑环与铁芯之间有绝缘不良或搭铁故障。

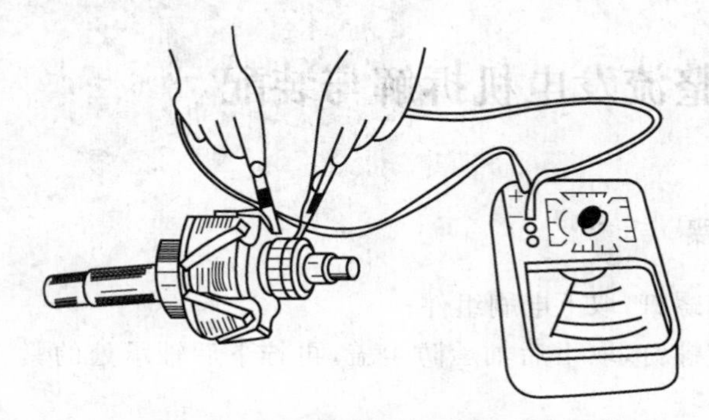

图 6-11 用万用表测量激磁绕组的电阻值

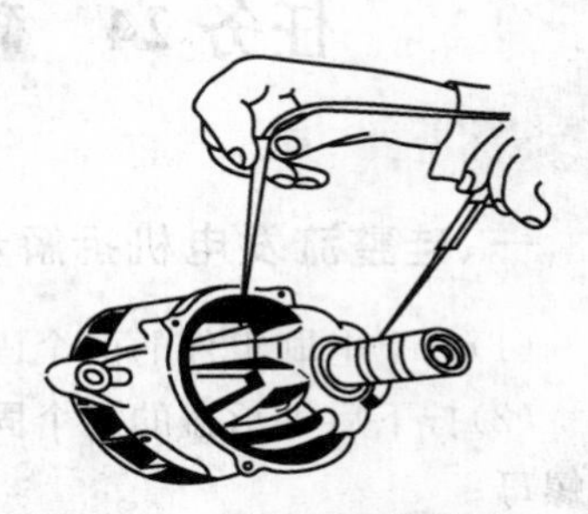

图 6-12 磁极绕组搭铁检查

3. 转子轴和轴承的检修

由于发电机转子转速很高,因此转子与定子之间不允许有任何接触,而转子磁极与定子铁芯间的气隙又很小(一般为 0.25～0.50 mm,最大不超过 1.0 mm),所以要求转子磁极外圆周表面对两端轴颈公共轴线的径向圆跳动≤0.05 mm。如图 6-13 所示,用百分表测量转子轴摆差,应与规定相符,否则应予校正或更换。

轴承的检查应拆下内外轴承盖,用汽油洗净轴承。若轴承松旷或转动声音大,滚珠或轴承架损坏,应更换。

封闭式轴承,不要拆开密封圈,不宜在溶剂中清洗,轴承径向不应松动,滚珠和轨道应无明显损伤,转动灵活,否则更换。

4. 滑环的检修

滑环表面应光洁,不得有油污,两滑环之间不得有污物,否则应进行清洁。可用干布蘸汽油擦净,当滑环脏污严重并有轻微烧损时,可用细砂布磨光;若严重烧损或失圆,可在车床上车削修复。修复后用直尺测量集电环厚度,应与规定相符,否则应更换。用千分尺测量集电环圆柱度,应与规定相符,否则应精车加工。修复后,滑环表面粗糙度≤Ra1.60 μm,滑环厚度≥1.50 mm。

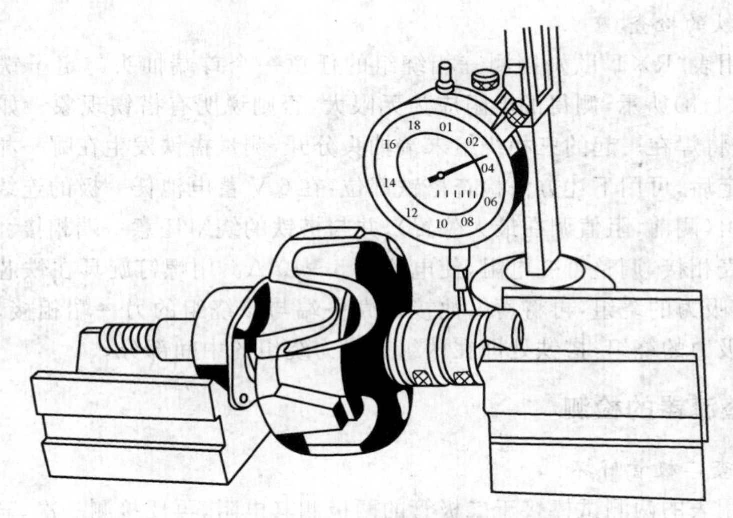

图 6-13　用百分表测量转子轴摆差

二、转子的检测

1. 断路的检查

定子绕组断路故障可用万用表按图 6-14(a)所示的方法检查。万用表置于"Ω"挡的 R×1 位置，两表笔每触及定子绕组的任何两相首端，电阻值都相等并且电阻很小，说明没有断路故障；如果电阻无穷大，说明定子绕组有断路故障。

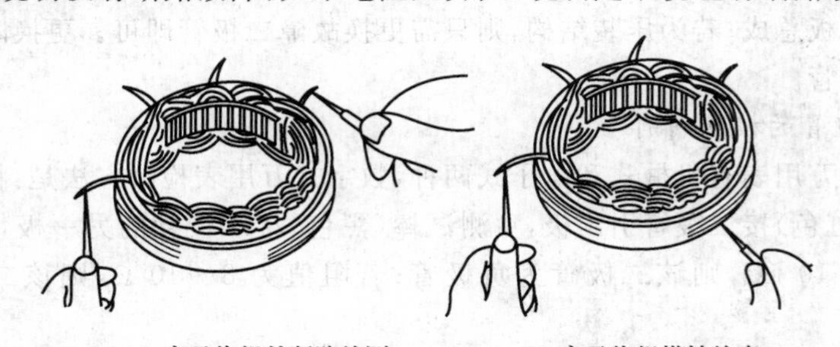

(a) 定子绕组的断路检测　　(b) 定子绕组搭铁检查

图 6-14　定子绕组的检测

若发现断路，应将焊在一起的三相绕组的中点分别与各绕组的另一端连接，测定断路在哪一组。

2. 搭铁的检查

用万用表“R×1”欧姆挡测三相绕组的任意一个首端抽头与定子铁芯间的绝缘如图 6-14(b)所示，测得的电阻应为无限大，否则说明有搭铁现象。如发现有搭铁现象，应将焊在一起的三相绕组末端抽头分开，测量搭铁发生在哪一相绕组。搭铁绕组确定后，可用下述方法检查搭铁部位：在 6 V 蓄电池任一极的连线中串联一个可变电阻（测前，阻值调在最大位置），并与搭铁的绕组任意一端相接。蓄电池另一极与机壳相接，调整可变电阻，使电流达 5～10 A。用螺钉旋具在铁芯上试探吸力，记下有吸力的绕组，再将蓄电池接机壳一端与该绕组的另一端相接，用同样的方法测出吸力的绕组，搭铁处即在两组有吸力绕组的中间部分。

三、整流器的检测

1. 检查二极管好坏

将万用表的两测试棒接于二极管的两极测其电阻，再反接测一次，若电阻值一大(10 kΩ)一小(8～10 Ω)，差异很大，说明二极管良好。若两次测量阻值均为∞，则为断路；若两次测得阻值均为 0，则为短路。

上述过程如无万用表，可用灯代替，将二极管与车用灯泡串联后与蓄电池连接。如灯一次亮，反向接灯不亮，则二极管良好；若灯均不亮，则二极管断路；若均亮，则二极管短路。

2. 更换二极管注意事项

对焊接式整流二极管来说，只要有一只二极管损坏，则需更换该二极管所在的正或负整流板总成；若为压装结构，则只需更换故障二极管即可。更换时需换用同型号的二极管。

3. 二极管的极性判别

常用的万用表有机械式和电子式两种，数字式万用表检测方法是：将万用表的正测试棒（红色）接二极管引出极，负测试棒（黑色）接二极管的另一极，测其电阻。若阻值大于 10 kΩ，则该二极管为负极管；若阻值为 8～10 Ω，则该二极管为正极管。

4. 整体式整流器的检查

以如图 6-15 所示整流板为例说明。当检测正极管时，先将与万用表内电源负极相连的表笔接整流器端子“B”；另一只表笔分别接 P_{11}、P_{22}、P_{33} 点进行检测，万用表均应导通，如不通，说明该正极管断路，则应更换整流器总成；再调换两表笔检测部位进行检测，此时万用表应不导通，如导通，说明该正极管短路，亦应更换整流器总成。

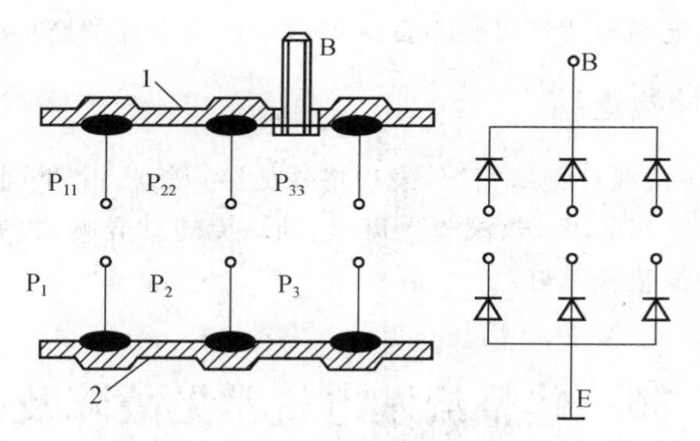

图 6-15　整体式整流器的检查

当检测负极管时，先将与万用表(R×1 挡)电源正极相连的表笔接负极整流板的壳体。与电源负极相连的表笔分别接 P_1、P_2、P_3 点。万用表均应导通，如不通，说明该负极管断路，则应更换整流器总成。再调换两表笔检测，万用表应不导通，如导通，说明该负极管短路，亦需更换整流器总成。

四、电刷组件的检测

1. 外观检查

电刷表面应无油污，无破损、变形，且应在电刷架中活动自如，无卡滞现象。

2. 电刷长度检查

电刷长度也叫电刷高度，应不低于原长度的 2/3，否则应更换。如图 6-16 所示，用游标卡尺或钢板尺测量电刷露出电刷架的长度应与规定相符。

3. 弹簧压力测量

如图 6-17 所示，用天平秤检测电刷弹簧压力应与规定相符，如弹簧自由高度一般在 30 mm 左右，当压缩至 14 mm 时，压力应为 0.1～0.2 kg，不符合规定应更

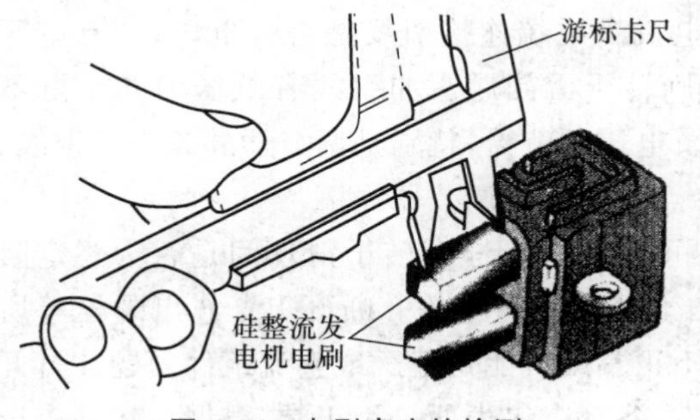

图 6-16　电刷高度的检测

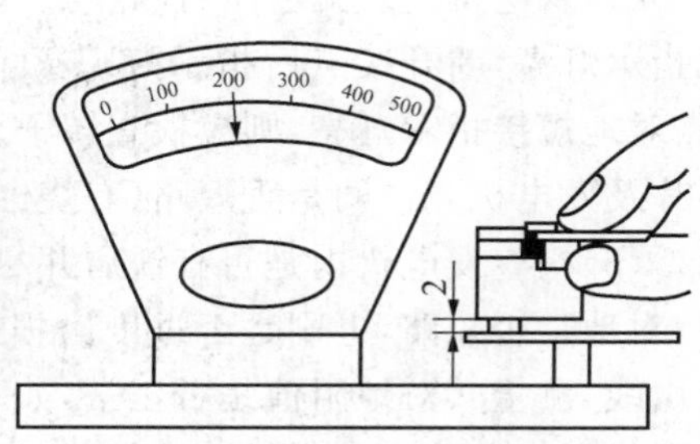

图 6-17　电刷弹簧压力的测量

换，以免造成电刷与滑环接触不良或加速电刷与滑环的磨损。

五、其他零件检查

检查发电机各接线柱绝缘情况，发现搭铁故障应拆检；检查轴承轴向和径向间隙均应不大于 0.20 mm，滚珠、滚道无斑点，轴承无转动异响；检查前后端盖、皮带轮等应无裂损，绝缘垫应完好。

任务 26　硅整流发电机常见故障及排除

硅整流发电机(一般简称为交流发电机)中的主要元件有励磁线圈、电枢线圈和整流二极管。在正常工作情况下，电枢线圈产生三相正弦交流电，经桥式整流电路整流成稍有脉动的直流电，这可在示波器上看到。线圈和二极管的故障有断路和短路两种情况。各种元件断路和短路以后将使发电机不能正常工作甚至不能工作。其总的表现是发电机能否发电和电压是否正常，这可从电压表上反映出来，也可用示波器显示出来。各种元器件出现断路或短路故障后发电的波形与正常波形明显不同且各有特点，需注意总结和归纳。

1. 运转的发电机有异响

原因有轴承损坏、电机扫膛、整流管击穿后内部环流声。检查传动皮带是否过紧，发电机调整套是否有调整余量并与发动机安装支架贴实，电机振动是否正常。

2. 不发电

(1)空载时发电，大负载时不发电：检查传动皮带是否过松，空载电压是否正常(≥13 V或26 V)，如调整皮带后电压还不正常，则发电机内部整流组件或定子组件损坏。

(2)发电机空载无电压：检查与发电机激磁端连接引线是否有电压，如有电压且指示灯亮，断开接点后指示灯熄灭，则转子无问题。如引线有电压但指示灯不亮，对地短接指示灯亮，则应检查转子及电压调节器，特别是调节器外壳与各引线、引片及发电机壳体间是否短路(有烧蚀点)，如有则调节器损坏。

(3)检查发电机内是否有铁屑并尽可能清理干净。转子滑环间是否为规定阻值，对地是否短路，电刷是否过度磨损，滑环是否磨穿等。断开 B+ 输出螺栓等所有引线，测量其对地阻值是否正常，如不正常则可能是定子或整流组件问题。打开发电机后挡盖检查各引线连接是否正常，各焊点锡表面是否正常，根据上述检查结果更换相应零件，然后将发电机复原。用数字万用表测量正常的发电机：转子两滑环间电阻一般为 3～5 Ω(12 V)或 6～12 Ω,B＋点对地应呈现 2 个二极管特性一边为开路,反过来为 1.1～1.6 V。

3. 发电量小

一般发电机内部整流器或定子线圈出现局部故障时,才会表现出发电量小。例如开路或短路,若短路可以通过触摸定子外表异常发热或听到有嗡嗡声来判断,但准确的方法要用到直流钳形表或者解体发电机。

4. 发电量过大

以下请在发电机轻载时检查。

(1)加油门后 B＋端电压略有升高(15～16 V 或 30～32 V),但 D＋(L)正常,表明线路电阻过大,需要检查充电线路有无接触不良情况;

(2)加油门后 B＋端电压异常持续升高(≥15 V 或 30 V),但 D＋(L)正常,表明发电机内部整流或激磁管有开路情况;

(3)加油门后 B＋端和 D＋(L)电压都异常升高(≥15 V 或 30 V),表明调节器已经短路失效。

任务 27 硅整流发电机的修理

一、励磁绕组的修理

励磁绕组的修理分两种,一种是局部处理,另一种是线圈重绕。

1. 局部处理

(1)线圈短路点发生在线圈表面几匝时,可先剥开外包绝缘层,把短路线匝去掉,然后用同规格的导线焊上,补偿绕组匝数补够后,焊接好引线,重新包扎外部绝缘,并浸漆烘烤处理。

(2)线圈短路点是因引出线脱焊时,可以补焊后包扎绝缘处理。

(3)找到线圈的接地点在槽口或绝缘表面,则可用绝缘垫垫上,进行局部处理。

2. 线圈重绕

线圈重绕的理由是对绕组采取局部处理方法不能解决问题,比如线圈绝缘老化、线圈短路点发生在线圈内部,并且已短路许多线匝;线圈接地故障已使线圈烧毁等,均要重绕线圈修复。

二、定子绕组的修理

除发生在线圈表面和连接处的断路可直接焊接外，其他故障均需将整个线圈拆去重绕。重绕线圈的工艺如下：

(1)拆除旧线圈　首先拆掉槽口内的槽楔，然后逐个地将线圈从定子铁芯槽口中取出。对于型号不清的发电机，在拆除旧线时，应将导线直径、每组绕组的线圈数、线圈匝数和跨距、绕制方向、同一相两线圈之间的槽距、各项绕组起头槽距和三相绕组末端接法记录下来，以便重绕时参考。

(2)清理槽口，整理铁芯　认真清理残留在槽口内的绝缘物，整理铁芯，锉去槽口边的毛刺，然后在槽内放入绝缘纸。

(3)线圈参数的确定　为了重绕定子线圈，绕线前必须将线圈的有关参数计算出来或查阅有关资料。参数确定后，就可以绕线。导线直径应与原线直径相同。

(4)下线　当全部线圈下完以后，再按照同一相各线圈间尾边线头接起边线头的原则，把各线圈串联起来。这样每一相就余下两个头，即第一线圈的起边头和第四线圈的末边头。

(5)浸漆和烘干　定子绕组全部下完后，用竹楔封口，然后检查有无断路和短路，若无问题，再进行预烘、浸漆和烘干。浸漆后，将三相首端留 55 mm 长的抽头，并在 180°内均布，头部刮漆，套入绝缘管，然后焊好接头。

三、轴承座孔和集电环的修理

(1)驱动端盖轴承座孔磨损时，应以端盖上与定子铁芯相配合的圆为基准，镗孔镶圈。若原端盖已有镶圈，可换用新圈。

(2)集电环磨损不光滑或有烧损现象，可用“00”号砂纸打光，也可在车床上精车。如果集电环已经不能再车小，则必须换新的集电环。

任务 28　电压调节器的使用

(1)调节器与发电机的电压等级必须一致，否则充电系统不会正常工作；

(2)调节器与发电机的搭铁形式必须一致，当调节器与发电机的搭铁形式不匹配而又急于使用时，可通过改变发电机磁场绕组的搭铁形式及线路的连接来临时替代。

(3)调节器与发电机之间的线路连接必须正确，由于调节器的结构形式很多，其接线位置也各有不同，因此使用时必须根据使用说明书所给出的接线图或有关说明正确连接充电系统线路，否则充电系统不能正常工作，甚至会损坏调节器和发电机等电器部件。

(4)配用双级式电压调节器时，当检查充电系统不充电故障时，在没有断开发电机与调节器接线之前，不允许将发电机的“B”与“F”(或调节器的“+”与“F”)短接，否则将会烧坏调节器的高速触点。

(5)调节器必须受点火开关控制，因调节器控制磁场电流的大功率管在发电机输出电压较低时就始终导通，如果不受点火开关控制，当车停驶时，大功率管一直导通，将缩短调节器使用寿命，而且还会导致蓄电池亏电。

(6)交流发电机的功率不得超过调节器设计时所能配用的交流发电机的功率。交流发电机的功率越大，励磁电流的大功率晶体管的技术要求就越高，成本也越高。大功率发电机的调节器，配小功率发电机虽然可用，但成本较高、不经济。而小功率发电机的调节器则不宜与大功率发电机配用，一方面是调节器会因超负荷工作而使用寿命大为缩短；另一方面是控制励磁电流晶体管的管压降增大，励磁电流最大值减小，将降低发电机的实际输出功率。

(7)机械停驶时，应将点火(或电源)开关断开。

任务 29　调节器的检测

调节器的检验主要是指其是否能工作和工作是否正常，工作不正常时就需要调整。

一、电磁振动式调压器的检测

当充电系统出现故障，经检查确认发电机工作正常而调节器有故障时，应将调节器从车上拆下进行检测与调整。

1. 检查调压器的完好程度

可打开调节器壳盖，检查线圈的连接是否可靠，有无断路、短路，各机械连接处是否牢固，各触点是否光洁，有无烧损电蚀。如不合要求可用细砂布打磨然后除尽磨屑，若触头严重烧蚀或厚度小于 0.4 mm，则应更换触头。另外，动、静触头应对正，确保接触良好。

2. 检查调整气隙

电磁振动式调压器的间隙是指高速触头间隙和动铁芯与铁芯间的气隙。触点闭合时，振动臂与电磁铁上端面间的气隙应为1.4～1.5 mm。气隙大小用厚薄规测量，如不合要求，可松开固定触点臂的螺钉，上下移动固定触点臂来调整。调整时应注意保证触点全面接触，气隙均匀。

3. 检查调整限额电压值

用万用表测量各接线柱间的阻值可以判断电磁振动调节器电器部件的技术状况，检测时使用R×1 Ω挡。

(1)检测接线柱"B"(或"S")与接线柱"F"间的阻值：当触头K_1闭合、触头K_2断开时，阻值应小于0.5 Ω，此时所测阻值为低速触头的接触电阻值；当K_1断开、K_2闭合时，对于FT 61型调节器阻值应为7.2 Ω左右。

(2)检测"B"与"E"接线柱间的阻值：当触头K_1闭合、触头K_2断开时，对于FT 61型调节器阻值应为23.5 Ω；当K_1断开、K_2闭合时，对于FT 61型调节器阻值应为7.2 Ω左右。

在上述检查过程中，若阻值不符，则应检查各部分元件。一般地说，阻值偏小时可能是电阻或线圈短路，阻值过大可能是触头烧蚀，使接触电阻增大或电阻、线圈断路。

调压器的限额电压为13.8～14.6 V。不符合正常规范时，可用尖嘴钳扳动弹簧的下挂钩来调整。

二、电子调节器的检测

电子调节器的检测分为搭铁形式检测和好坏检测。电子调节器可用电子调节器专用检测仪，可调直流电源按图6-18所示检测线路进行检测，图中小灯泡可用充电指示灯代替。

1. 搭铁形式的检测

当不知电子调节器的搭铁形式时，可按外搭铁线路进行检查，具体方法如下：

(1)将直流电源电压调到12 V(28 V调节器调到24 V)；

(2)接通开关SW，若小灯泡不亮，则该调节器为内搭铁型调节器；若灯泡亮则为外搭铁型调节器。

2. 好坏的检测

按图6-18接好检测线路，先接通开关SW，然后由0 V逐渐调高直流电源电压，此时小灯泡的亮度应随电压升高而增强。

(1)当电压调高到调压电压值时，若小灯泡熄灭，则调节器工作正常；

(2)若小灯泡始终发亮，则调节器已经损坏，可能是大功率晶体管短路或前级驱动电路的晶体管或稳压管断路；

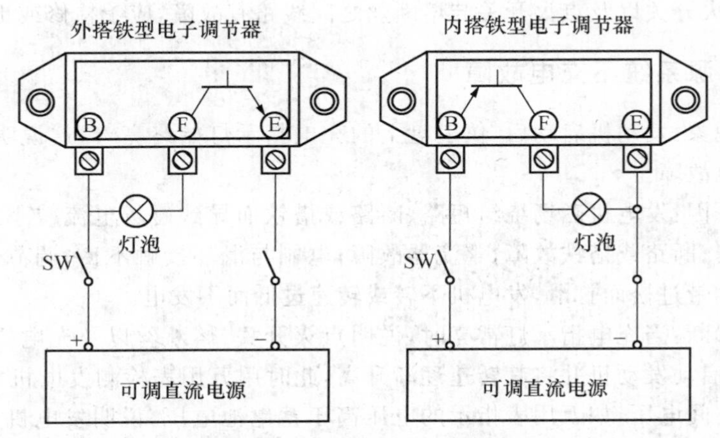

图 6-18　电子调节器检测电路

(3)若小灯泡始终不亮(灯泡未坏),则可能大功率晶体管断路或前级驱动电路的晶体管或稳压管短路。

任务 30　电源电路的故障诊断与排除

一、电源充电指示灯不亮故障

故障现象:闭合点火开关和发动机正常运转时,充电指示灯一直不亮。

故障原因:充电指示灯灯丝断路;熔断丝烧断使指示灯线路不通;指示灯或调节器电源线路导线断路或接头松动;蓄电池极柱上的电缆线头松动;点火开关故障;发电机电刷与滑环接触不良;调节器内部电路故障,如调节器内部电子元件损坏而使大功率三极管不能导通。

故障诊断:首先启动发动机并怠速运转,然后检查发电机充电系统能否充电。将充电指示灯不亮分为充电系统能充电和不能充电两种情况分别进行排除。接通点火开关时充电指示灯不亮,启动发动机后发电机又能发电,说明发电机充电系统正常;检查仪表盘上的充电指示灯是否正常,若灯丝断路,则需更换。当接通点火开关充电指示灯不亮,启动发动机后发电机不能发电时,故障排除方法如下:首先断开点火开关,检查仪表熔断丝。如该熔断丝断路,更换相同规格的熔断丝;如熔断丝良好,继续检查。接通点火开关,用万用表检测熔断丝上的电压值,如电压为零，说明点火开关以及点火开关与熔断丝之间线路有故障，应予检修或更换。

二、电源系统不充电故障

故障现象：发动机启动后，仪表盘上的充电指示灯始终亮着，这说明发电机出现了不充电故障。

故障原因：发电机磁场绕组短路、断路或搭铁而导致磁场电流减小或不通；定子绕组短路、断路或搭铁故障；整流器故障；电刷与滑环接触不良；调节器故障；发电机的传动带过松而打滑，发电机不转或转速过低而不发电。

故障诊断：当充电指示灯常亮时，说明点火开关、熔断丝以及充电指示灯技术状态良好，启动发动机并将其转速逐渐升高，此时用万用表检测发电机“B”端子与发电机壳体间电压，如万用表指示的电压高于蓄电池电压，说明发电机发电，可能发电机“B”端子与蓄电池正极的线路断路；如电压为零或过低，说明充电系统有故障，应按如下方法继续检查。断开点火开关，检查发电机传动带的挠度是否符合规定（5～7 mm），挠度过大应调整；如传动带的挠度正常，则继续检查，拆下调节器接线端子上的导线，接通点火开关，用万用表检测调节器接线柱上的导线电压，如电压为零，充电指示灯亮，说明仪表盘与调节器之间的线路搭铁，应予检修。

三、充电指示灯时亮时灭故障

故障现象：接通点火开关和发动机正常运转时，充电指示灯不稳定，时亮时灭。

故障原因：发电机传动带挠度过大而出现打滑现象；发电机整流二极管断路、定子绕组连接不良或断路而导致发电机输出功率降低；发电机电刷磨损过多；调节器调节电压过低；相关线路接触不良。

故障诊断与排除：检查传动带的挠度是否符合规定；检查相关线路连接情况，如不正常，则需检修；拆下调节器和电刷组件总成，并按前述方法检查调节器和电刷，如不正常，则需检修或更换；检修发电机总成。

四、蓄电池充电不足故障

故障现象：闭合点火开关发动机启动时充电指示灯会亮，发动机启动后充电指示灯也熄灭，但是蓄电池很快出现亏电现象，并且启动发动机时，启动机运转无力、夜间行车前照明灯灯光暗淡。

故障原因：发动机转动皮带过松或损坏；发电机“B”端子与蓄电池正极柱线路短路或导线端子接触不良；发电机电刷与滑环接触不良；调节器的调节电压过低或其内部电路有故障；发电机转子绕组短路使磁场变弱而导致发电机输出功率降低；

发电机整流器故障或定子绕组有短路、缺相故障而导致发电机输出功率降低；蓄电池使用时间过长，极板硫化、损坏或活性物质脱落；全车线路中有导线搭铁而漏电。

故障诊断与排除：出现蓄电池充电不足现象时，检查蓄电池的技术状态是否良好，如使用时间过长或负载电压低于 9.6 V，则需要更换蓄电池。检查传动带的挠度是否符合规定（5～7 mm）。检查发电机“B”端子至蓄电池正极的线路是否断路或导线端子是否接触不良。拆下发电机总成，检查电刷组件，如电刷高度过低，则更换电刷；如电刷弹簧卡滞或弹力不足，应更换弹簧。试验检测调节器的调节电压，如调节电压过低（低于 14.2 V）或调节器损坏，应予更换。如上述检测均良好，则分析检测发电机总成。断开所有电器开关，拆下蓄电池正极电缆端子，并且该端子与蓄电池正极柱之间串联一个电流表，检测全车电路有无漏电现象。如有漏电，可将驾驶室内和发动机罩下的熔断器上的熔断丝逐一拔下，检查漏电发生在哪一条线路，然后进行排除。

五、发电机充电电流过大故障

故障现象：汽车灯泡易烧。蓄电池温度过高且其电解液消耗过快。这说明发电机充电电流过大。

故障原因：发电机充电电流过大的原因往往是由于电压调节器调节电压过高或者是由于调节器失效。

故障诊断：确认灯泡易烧、蓄电池电解液温度过高或电解液消耗过快而无其他原因时，应予更换调节器。

综上所述，农机电源系统常见的故障即有不充电、充电电流过大、充电电流不稳、调节器故障等。电源系统各电器元件的结构简单、维修方便，但由于使用不当可能引起很多故障发生。

项目考核

1. 考核内容

(1)发电机拆卸前的检测；

(2)硅整流发电机的车上检查；

(3)硅整流发电机拆解与装配；

(4)调节器的检测；

(5)硅整流发电机解体后检测。

二极管电阻值检测记录

正极管 元件板上的二极管电阻						负极管 后端盖上（或元件板）的二极管电阻					
1		2		3		1		2		3	
正向	反向	正向	反向	正向	反向	正向	反向	正向	反向	正向	反向

质量分析

发电机转子与定子绕组测试结果

<table>
<tr><td>发电机型号</td><td colspan="2"></td><td colspan="2">转子绕组电阻/Ω</td><td colspan="2"></td><td>转子绕组绝缘检查</td><td colspan="2"></td><td>转子绕组质量分析</td><td></td></tr>
<tr><td rowspan="2">定子绕组端线之间电阻/Ω</td><td>X－Y</td><td colspan="2">Y－Z</td><td colspan="2">Z－X</td><td colspan="3">定子绕组绝缘检查</td><td colspan="3">定子绕组质量分析</td></tr>
<tr><td></td><td colspan="2"></td><td colspan="2"></td><td colspan="3"></td><td colspan="3"></td></tr>
</table>

2. 考核办法

实训项目活动评价表

学生姓名：	日期：	配分	自评	互评	师评
项目名称	评价内容				
职业素养考核项目40%	劳动保护穿戴整洁	6分			
	安全意识、责任意识、服从意识	6分			
	积极参加教学活动，按时完成学生工作页	10分			
	团队合作、与人交流能力	6分			
	劳动纪律	6分			
	实训现场管理6S标准	6分			
专业能力考核项目60%	专业知识查找及时、准确	15分			
	操作符合规范	15分			
	操作熟练、工作效率	12分			
	实训效果监测	18分			
		总分			
总评	自评(20%)＋互评(20%)＋师评(60%)		总评成绩		

3. 考核评分标准

(1)正确熟练　赋分为满分的90%～100%。

(2)正确不熟练　赋分为满分的80%～90%。

(3)在指导下完成　赋分为满分的70%～80%。

(4)不能完成　赋分为满分的70%以下。

综合性思考题

一、填空题

1. 交流发电机中转子的作用是________，定子的作用是________。

2. 整体式交流发电机的主要功能是：________、________、________。

3. 中性点“N”对发电机外壳之间的电压叫作________电压。其值等于发电机直流输出电压的________。

4. 硅整流器是利用硅二极管的________把________转换成________。

5. 定子由定子________和________组成。

6. 电刷及电刷架由两只________、________和________组成。

7. 电子调节器是利用三极管的________制成的，有________和________之分。

二、选择题

1. 并激式直流发电机由发电机壳、电枢及________、电刷四部分组成。

A. 调节器　　B. 整流子　　C. 二极管　　D. 限流器

2. 硅整流发电机由转子总成、定子总成、________等组成。

A. 硅元件整流器　　B. 整流子

C. 碳刷架　　D. 截流器

3. 硅整流发电机中硅整流二极管具有单向导电特性，并且这种发电机是一台交流发电机能自动控制输出电流，所以硅整流发电机调节器只要有________即可。

A. 限流器　　B. 调压器　　C. 截流器　　D. 变压器

4. 直流发电机调节器由调压器、限流器和________三部分组成。

A. 变压器　　B. 变阻器　　C. 截流器　　D. 调速器

5. 硅整流发电机通过________只硅二极管进行整流后，即可得到直流电。

A. 六　　B. 四　　C. 二　　D. 一

项目七　照明、信号、仪表、报警系统及刮水器的使用与维护

项目说明

本教学项目属于技能训练模块，主要是掌握照明、信号、仪表、报警系统及刮水器的使用与维护；识别各系统电路图，并掌握各系统故障时的检测和排除技能，技能训练时以校内实训室和实训基地为依托，理实结合，教学做一体化。结合多媒体教学、实验观察和利用课程网站引导学生自主学习，并通过布置综合性思考题的方式，巩固学生的基础知识和基本技能。

任务31　照明系统的使用与维护

一、照明系统的组成

农机照明系统由电源、照明装置和控制部分组成。照明装置包括外部灯、内部灯和工作照明灯，控制部分包括各种灯光开关、继电器等。外部灯有前照灯、工作灯、卸粮灯、示宽灯、小灯等，内部灯有仪表灯、顶灯等。

二、农机对照明的要求

(1)行进时道路照明；

(2)倒车场地照明；

(3)工作灯照明，夜间工作时让驾驶员能看清农机工作场地；

(4)车内照明，包括仪表照明、驾驶室照明、车厢和车门的照明等。

三、照明控制电路的检测方法认识

(1)照明控制电路线路图,如图 7-1 所示。

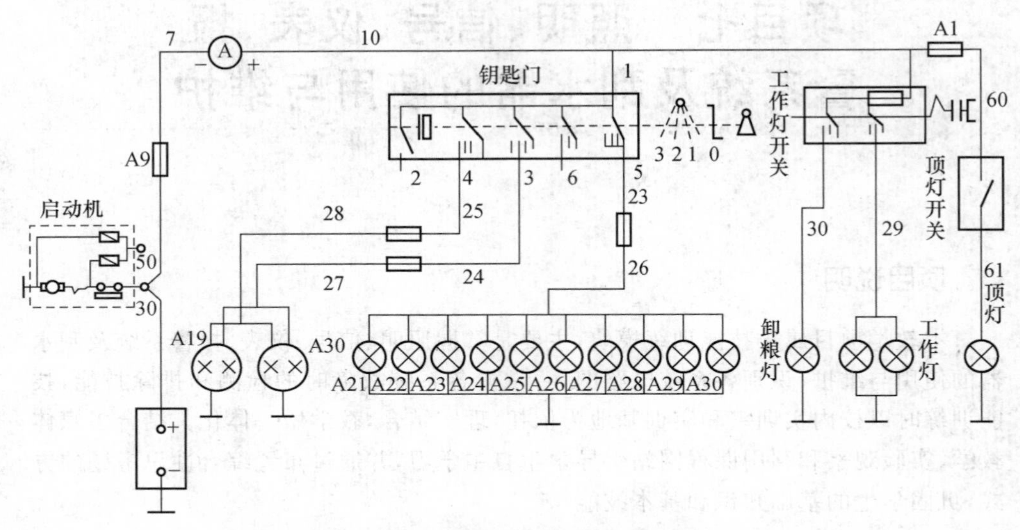

图 7-1 迪尔佳联 C230 联合收割机照明电路

(2)对照线路图分析照明工作电路走向。

(3)照明控制电路检测。根据线路的控制原理,可以利用分段法进行检测。

四、前照灯的维护

(1)安装前照灯时,应根据标识不得倾斜放置。

(2)如果半封闭式前照灯的反射镜、散光玻璃上有尘污,应用压缩空气吹净。

(3)若吹不净,可根据镀层材料采用适当方法擦净,如镀银或镀铝的只能用清洁棉花蘸热水擦,要由镜的中心向外围成螺旋形轻轻擦拭或清洗。

(4)有的反光镜表面由制造厂预涂了一层薄而透明的保护膜,清洁时千万不要破坏。

(5)灯的接线应良好。

(6)换用真空灯时,应注意搭铁极性,通过灯罩可以看到,两根灯丝共同连接的灯脚为搭铁极性,粗灯丝为远光,细灯丝为近光。如果装错,灯不能正常发光。

(7)普通灯泡和卤钨灯泡不能互换使用。

(8)调换灯泡时,应先将该灯的开关切断。

(9)注意戴上干净的手套安装大灯灯泡,不可用手直接安装灯泡。

(10)配光镜和反光镜之间的密封垫圈应固定好,保持其良好的密封性。如果损坏应及时更换。

五、前照灯检测

前照灯诊断的主要参数是发光强度和光束照射位置。当发光强度不足或光束照射位置偏斜时,会造成夜间行车驾驶员视线不清,或使迎面来车的驾驶员炫目,将极大地影响行车安全。所以,应定期对前照灯的发光强度和光束照射位置进行检测,校正前照灯的技术状况。可用屏幕法和前照灯校正仪检测,无论采取什么调整方法,都要做到以下几点:

①车辆轮胎气压符合标准气压;

②前照灯配光镜表面清洁;

③车辆空载、车身水平正直。

1. 屏幕法检测

在距车用前灯 L 处挂一屏幕(或利用墙壁),使车辆中心轴线与屏幕成直角。如图 7-2 所示。

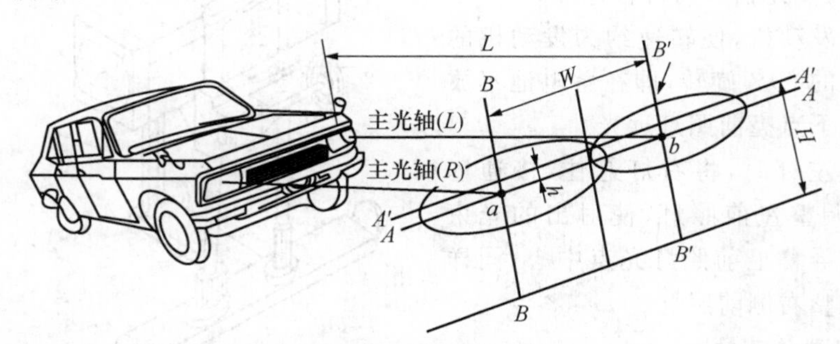

图 7-2　屏幕式调整前照灯的方法

在屏幕上画出前照灯的水平中心线,一条离地 H,另一条比它低 h,再在屏幕上画三条垂线,一条为中垂线,使它与车辆的中心线对正;另外两条垂线 $B-B$ 和 $B'-B'$分别位于中垂线的两侧,它们与中垂线的距离均为两前灯中心距离 W 的 1/2,水平线 $A-A$ 与垂直线 $B-B$ 和 $B'-B'$分别相交于 a 点与 b 点。

将车俩停置于屏幕前,并与屏幕垂直,使前照灯基准中心距屏幕 10 m,在屏幕上确定与前照灯基准中心离地面距离 H 等高的水平基准线及以车辆纵向中心平面在屏幕上的投影线为基准确定的左右前照灯基准中心位置线。分别测量左右远近光束的水平或垂直照射方位的偏移值。

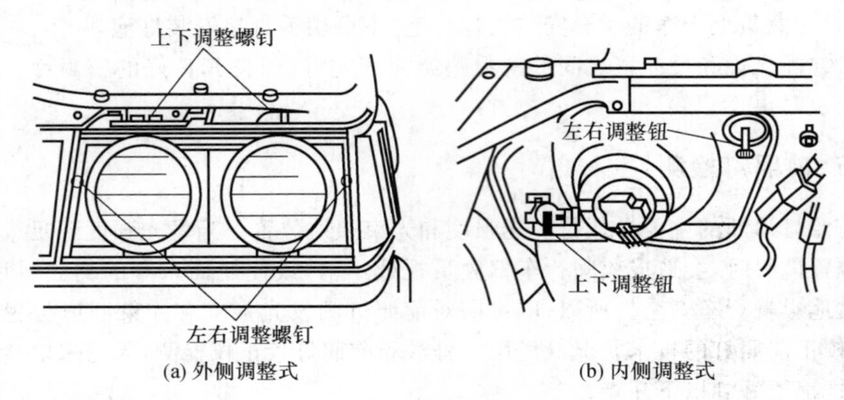

图 7-3 前照灯调整

前照灯光轴偏移时，应进行调整，调整部位一般分外侧调整式和内侧调整式两种，如图 7-3 所示。调整时，需要转动灯座上面的左右及上下调整螺钉（或旋钮），使光轴方向符合标准。

启动发动机，使转速约为发动机的最高转速的 60％旋转，即在蓄电池不放电的情况下点亮前照灯远光。

调整左灯时，将右灯遮住，接通远光灯丝，调整左前照灯，使射出的光束中心对准屏幕上前照灯光点中心，同样的方法调整右侧前照灯。

2. 仪器检测法

检验仪前端装有透镜，前照灯光束通过透镜投射到仪器内的屏幕上成像，再通过仪器箱上方的观察窗，目视其在屏幕上光束照射方向是否符合规定值。与此同时，读出光束表的指示值，如图 7-4 所示。

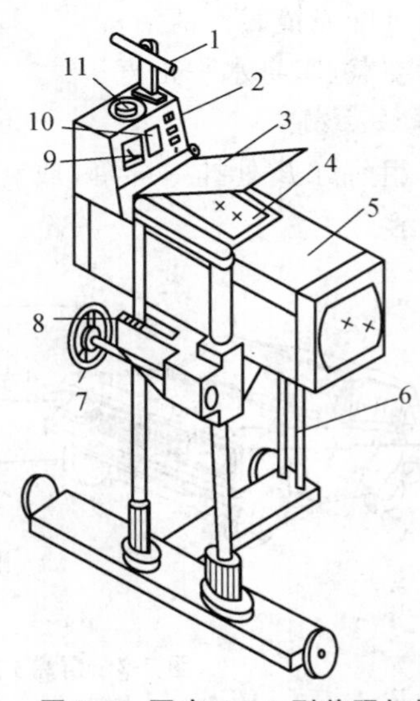

图 7-4 国产 QD-2 型前照灯检验仪

1. 对正器 2. 光度选择按钮 3. 观察窗盖 4. 观察窗 5. 仪器箱 6. 仪器移动手柄 7. 仪器箱升降手轮 8. 仪器箱高度指示标 9. 光度仪 10. 光束照射方向参考表 11. 光束照射方向选择指示旋钮

六、照明系统电路常见故障及排除

照明系统电路常见故障及排除见表 7-1。

表 7-1　照明系统电路常见故障及排除

故障现象	故障原因	排除方法
接通灯开关时，保险立即跳开或保险丝立即熔断	线路中有短路、搭铁处	找出搭铁处加以绝缘
灯泡在使用中，灯丝经常烧断	①电压调节器调整不当或失调使电压过高 ②蓄电池搭铁不良或充电线路中有的导线接头接触不良，造成发电机空载电压过高而烧坏灯泡 ③发电机电枢和磁场绕组之间某处短路	机械在行驶过程中电流表指示充电电流甚小或指示为“0”位情况下，开灯时，灯泡即烧毁，则应检查充电线路何处接触不良 如灯泡使用寿命短，经常烧毁各种型号灯泡，则应检查调节器是否电压调整过高，过高则重新调节或更换电压调节器
所有灯不亮	①蓄电池至前照灯开关之间相线断路	按照灯的线路探查，一般为蓄电池接线柱→总熔丝→电流表→电源开关→前灯熔丝→前灯开关→前灯。可找出某处断路、短路或搭铁
	②保险器断开或保险丝熔断	更换保险丝，接通保险器
	③前照灯熔丝熔断、灯开关双金属片接触不良或不闭合	按电喇叭或拨动转向信号灯开关试验，如果电喇叭响，转向信号灯工作正常，说明前灯熔丝前电源线路良好；再检查前灯熔丝是否烧断或双金属片触头有无闭合；再用导线试火法、万用表电阻挡或试灯法，检查前照灯开关及前照灯搭铁情况，如损坏应予更换，若搭铁不良应接触良好

续表 7-1

故障现象	故障原因	排除方法
灯开关在大灯挡位，只有远光灯亮而近光不亮或与其相反	①变光开关损坏 ②远近光中有导线断路 ③双丝灯泡中某个灯丝断路	用电源短路法将变光开关电源接线柱与不亮的远光或近光接线柱接通。灯亮说明故障在开关，如仍不亮，则说明故障出在变光开关后的线路，可能是导线断路或双丝灯泡中某灯丝烧断
前照灯开关接通后，不论是远光还是近光，均只有一个灯亮，另一灯暗淡	①两前灯使用双丝灯泡时，若其中一灯搭铁不良，当电路接通时，就会出现一个灯亮，另一灯暗淡 ②左灯搭铁处断路，此时接通远光灯，右灯很亮，而左灯远光灯丝的电流通过右灯近光灯丝而来，所以只有微弱灯光，如变换为近光，仍是右灯亮	用一根导线，一端接车架，另一端和亮度暗淡的灯泡搭铁接线柱接触，如恢复正常，即表明该灯搭铁不良，应予排除
拨动转向开关，所有转向灯不亮	①转向灯电路熔丝烧断或电源线路断路 ②闪光器损坏 ③转向开关损坏 ④转向灯损坏	用螺钉旋具在闪光器电源线接线柱处搭铁试火。如无火，则说明电源线路或熔丝烧断；如有火，说明电源良好。可用螺钉旋具搭接电源接线柱与闪光器引出接线柱，拨动转向开关，如转向灯亮，则说明闪光器有故障，应磨光触头，调整气隙，必要时更换。如仍不亮，则为闪光器引出接线柱至转向开关间某处断路或转向开关损坏 当用螺钉旋具搭接闪光器电源线接线柱和引出接线柱，拨动转向开关时，出现一边转向信号灯亮，而另一边不但不亮，而且出现强烈火花，这表明不亮的一边转向灯线路某处搭铁，以致烧坏闪光器，必须先排除转向灯搭铁故障，然后换上新闪光器

续表 7-1

故障现象	故障原因	排除方法
灯开关在前照灯挡位，只有远光亮而近光不亮，或相反	①变光开关损坏 ②远近光中一个导线断路 ③双丝灯泡中某灯丝烧断	可用螺钉旋具搭接在变光开关的电源接线柱与不亮的远光或近光接线柱上试验。如灯亮，故障在变光灯；如仍不亮，则说明故障出自变光开关后的线路。可用电源短接法，直接在接线板处接通不亮的远光或近光接线柱试验，如灯亮，说明变光器开关至接线板的导线断路，如灯仍不亮，则应检查双丝灯泡中的灯丝是否有烧断

任务 32　信号系统的使用与维护

一、信号系统的组成

对照实车介绍农机信号系统，转向信号装置、倒车信号装置、制动信号装置和喇叭等在实车上的位置，并进行工作情况演示。

二、信号控制电路检测方法的认识

(1)信号控制电路线路图，如图 7-5 所示。

(2)对照线路图分析信号工作电路走向。

(3)信号控制电路检测。根据线路的控制原理，可以利用分段法进行检测。

(4)信号灯的标识如表 7-2 所示。

三、转向信号系统的故障检修

1. 闪光继电器的检测

(1)闪光继电器的就车检测(以无触点电子闪光继电器为例且转向灯及转向信号指示完好时进行)。

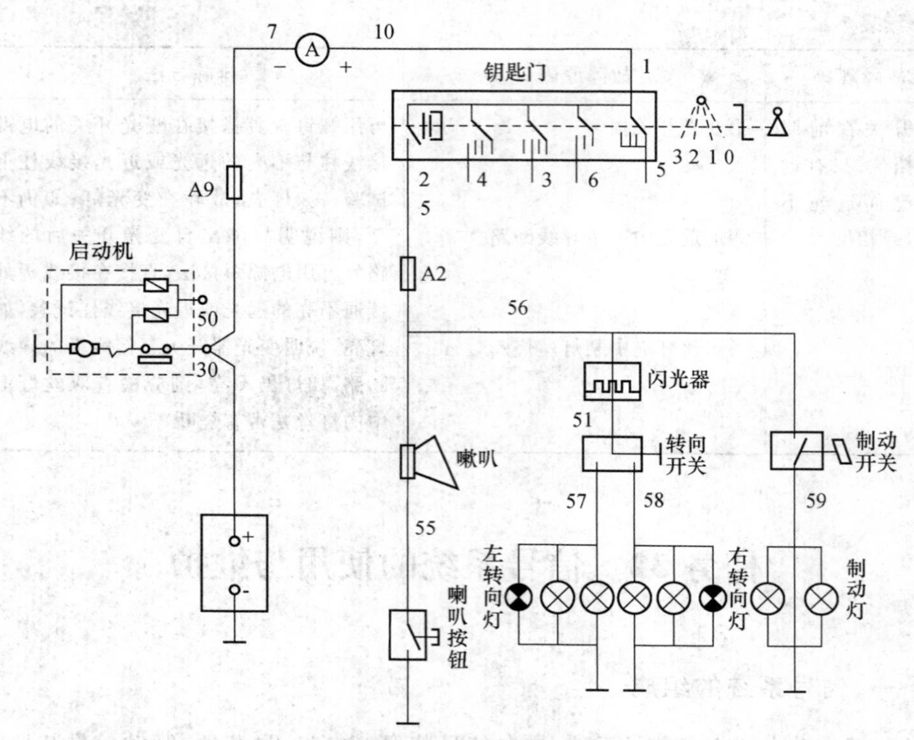

图 7-5 迪尔佳联 C230 联合收割机信号电路

表 7-2 信号灯的标识

种类	外信号灯					内信号灯	
	转向灯	示宽灯	停车灯	制动灯	倒车灯	转向指示灯	其他指示灯
工作特点	琥珀色交替闪亮	白色或黄色常亮	白色或红色常亮	红色常亮	白色常亮	白色闪亮	白色常亮
用途	告知路人或其他车辆即将转弯	标明汽车宽度轮廓	标明汽车已经停驶	表示已经减速或即将停车	告知路人或其他车辆即将倒车	提示驾驶员车辆的行驶方向	指示驾驶员车辆的状态

①如图7-6所示，在点火开关置于“ON”位时，将转向灯开关打开，观察转向灯的闪烁情况：如果闪光继电器正常，相应转向灯及转向指示灯应随之闪烁；如果转向灯不闪烁(常亮或不亮)，则为闪光继电器自身或线路故障。此时，用万用表检测闪光继电器电源接线柱B与搭铁之间的电压，正常值为蓄电池电压；如果无电压或电压过小，则为闪光继电器电源线路故障。

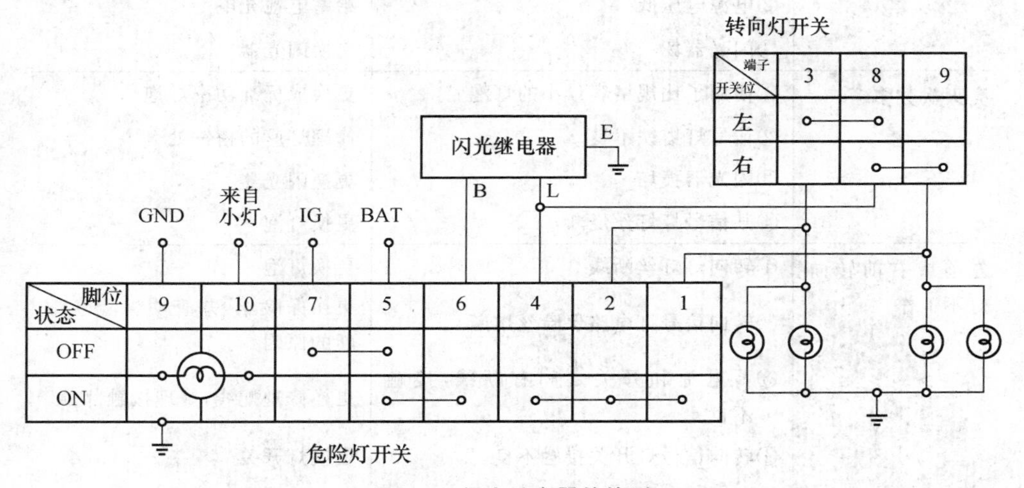

图7-6　闪光继电器的检测

②用万用表R×1挡检测闪光继电器的搭铁“E”接线柱的搭铁情况，正常时电阻为零；否则为闪光继电器搭铁线路故障。

③在闪光继电器灯泡“L”接线柱与搭铁之间接入一个二极管试灯，正常情况下灯泡应闪烁，否则为闪光继电器内部晶体管元件故障。

(2)闪光继电器的独立检测。将蓄电池、闪光继电器、试灯按照如图7-7所示接入试验电路，检测闪光继电器工作情况。将蓄电池的输出电压接通试验电路，观察灯泡闪烁情况。如果灯泡能够正常闪烁，则闪光继电器完好；如果灯泡不亮，则表明闪光继电器损坏。

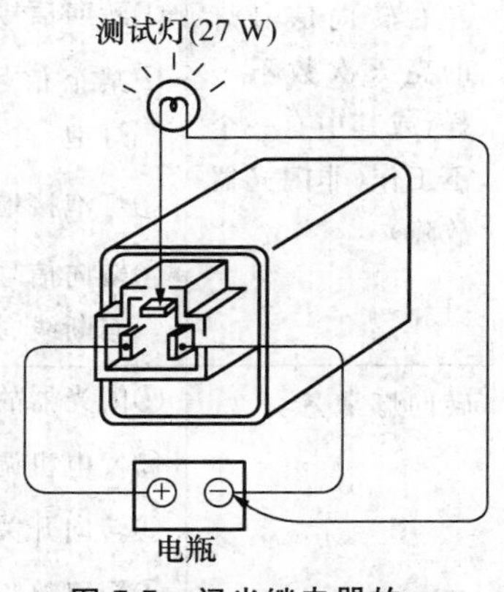

图7-7　闪光继电器的独立检测电路

2. 转向信号系统常见故障检修

转向信号系统常见故障现象、原因及排除方法如表7-3所示。

表 7-3 转向信号系统常见故障现象、原因及排除方法

故障现象	故障原因	故障排除
左右灯一侧亮	闪光器损坏	更换闪光器
亮灭次数少	①使用了比规格容量大的灯泡	更换成标准功率灯泡
	②电源电压低	给蓄电池充电
	③闪光器坏	更换闪光器
亮灭次数多	①使用了比规格容量小的灯泡	更换成标准功率灯泡
	②信号灯搭铁不良	修理灯座的搭铁处
	③闪光器损坏	更换闪光器
	④某信号灯灯丝烧断	更换灯泡
左前或右前转向灯不工作	①转向灯灯丝断线	更换灯泡
	②转向信号灯电路保险丝熔断	更换保险丝,并查明保险丝熔断的原因
	③蓄电池和开关之间有断线,接触不良	更换修理配线,修理接触部分
	④转向信号灯开关接触不良	更换灯开关
	⑤闪光器损坏	更换闪光器
左右转向信号灯的亮灭次数不一样,或其中有一个不工作(非闪光器故障)	①转向信号灯灯丝烧断	更换灯泡
	②某个信号灯使用了非标准功率的灯泡	更换成标准功率灯泡
	③灯泡接地不良	维修或更换
	④转向信号灯开关和转向信号灯之间有断线、接触不良	修理配线或更换,修理接触部分
转向灯常亮	①闪光器故障	更换闪光器
	②发电机调压器的限额电压过高	修理或更换调压器
	③转向开关故障	维修或更换转向开关
	④短路故障	修理短路处
有时工作有时不工作,或装置受到震动才工作	①导线接触不良或断路	修理或更换配线
	②闪光器损坏	更换闪光器

续表 7-3

故障现象	故障原因	故障排除
转向信号灯电路的保险丝熔断，更换保险丝后再次熔断	①闪光灯电路的配线和底盘短路 ②灯泡或灯座短路 ③转向信号灯开关短路 ④闪光器损坏	修理短路处 修理或更换灯座灯泡 更换开关 更换闪光器

四、电喇叭信号系统的故障检修

1. 电喇叭的检查

(1)检查电路　检查电路连接是否可靠，电喇叭线圈是否短路或断路，电容器是否损坏。

(2)检查触点　电喇叭触点表面应光滑平整，上下触点应相互重合，其中心线的偏移不应超过 0.25 mm，接触面积不应少于 80%，否则应予修整。触点烧蚀严重时应拆下，用磨石或细砂纸打磨，但触点厚度不得小于 0.3 mm，否则应予以更换。

(3)检查发声元件　检查电喇叭振动膜片、共鸣板和扬声筒是否破裂，膜片破裂必须更换。喇叭筒及盖有凹陷时，应予修整。

(4)检查继电器　用万用表测量喇叭继电器线圈的电阻应符合规定，否则应予以重绕或更换新品。

2. 喇叭的调整

喇叭安装固定方法对其发音影响较大。为了保证喇叭声音正常，喇叭不作刚性安装，在喇叭与固定架之间装有片状弹簧或橡胶垫。性能良好的喇叭，发音响亮清晰而无沙哑音，喇叭触点应保持清洁且接触良好。喇叭的调整部位有两处，一是改变铁芯间隙，二是改变触点压力。电喇叭的调整包括音量和音调调整两部分。

(1)音调的调整　音调的高低取决于膜片振动的频率，改变铁芯间隙可以改变膜片的振动频率，从而改变音调(有的在制造时已经调好，工作中不用调整)。调整方法：松开锁紧螺母，用螺丝刀旋转下铁芯，顺时针方向旋转，上下铁芯之间的间隙减小，音调升高；逆时针方向旋转，铁芯之间的间隙增大，音调降低。调至合适音调时，旋紧螺母即可。如图 7-8

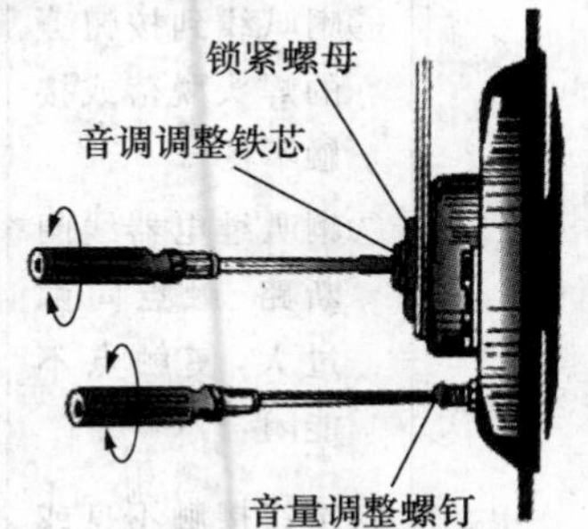

图 7-8　喇叭音调和音量的调整

所示。

(2)音量调整　音量的大小取决于喇叭线圈的电流大小,电流大,喇叭发出的音量强;电流小,喇叭发出的音量弱。调整方法:如图 7-7 所示,先松开音量调整螺栓的锁紧螺母,用螺丝刀转动调整螺栓,顺时针方向旋转,使动静触点之间压力增大,通过线圈的电流增大,喇叭的音量提高;逆时针方向旋转,使动静触点之间压力减小,通过线圈的电流减小,喇叭的音量降低。盆形电喇叭音量的调整可通过调整螺钉来调整触点压力,进而实现对音量的调整。

3. 喇叭信号系统常见故障检修

电喇叭的常见故障现象,原因及排除方法见表 7-4。

表 7-4　电喇叭的常见故障现象、原因及排除方法

故障现象	故障原因	故障排除
按下喇叭按钮时,喇叭不响	①喇叭电源线路断路 ②过载或电路搭铁、短路,使保险盒(或保险丝)断开 ③喇叭线圈烧坏或有脱焊之处 ④喇叭触点烧蚀或触点不闭合 ⑤喇叭导线端头与转向之间的接线管脱开 ⑥喇叭线到按钮上的焊头脱落或接触不良 ⑦喇叭继电器线圈断路、触点间隙过大,使触点不能闭合 ⑧按钮接触不良或搭铁	(1)拉开大灯开关,观察灯光。如果灯不亮,应首先检查保险器是否断开,若没有断开,这说明从蓄电池至保险器间有断路之处,应检查电线接头是否松动,导线是否有破皮搭铁的地方;若保险器断开了,就要仔细查找原因,例如是否由于连续使用喇叭时间过长,或有搭铁短路之处等 (2)用一把螺丝刀将喇叭继电器火线(即电源线)接线柱划碰搭铁,观察搭铁处是否有火花出现。如果没有火花,这说明保险器至喇叭继电器之间有断路之处,应检查电线是否折断,电线接头是否松动等 (3)再用螺丝刀将喇叭继电器的火线与通往喇叭的导线相搭接通,此时听喇叭是否有声音。如果喇叭响了,这说明故障发生在喇叭继电器与喇叭按钮之间,可以将喇叭继电器上通往喇叭按钮的接线柱(一般注有"按钮"二字)用螺丝刀直接搭铁试验。若喇叭响了,证明故障发生在按钮处,检查按钮接线、按钮触点是否有锈蚀氧化或搭铁不良之处,加以排除。若喇叭仍然不响,说明触点不能闭合,故障发生在喇叭继电器上,要检查继电器线圈是否烧损或是否有断路的地方。一时找不到原因或修不好,为了不误行车时间,可拆下待修,暂装新品 (4)如果用螺丝刀将喇叭继电器的火线与通往喇叭的导线接通,喇叭仍然不响,则可以判断故障发生在喇叭内部,就要分解喇叭,逐项检查其原因

续表 7-4

故障现象	故障原因	故障排除
喇叭声音沙哑	①蓄电池亏电 ②喇叭触点烧蚀，接触不良 ③膜片破裂 ④回位弹簧钢片折断 ⑤喇叭固定螺钉松动 ⑥喇叭筒破裂	一般发动机启动前，常出现喇叭声音沙哑这种情况，多数是由于蓄电池亏电造成的。如果启动发动机后，待到蓄电池电量充足，发动机运转正常且达到中速以上时，再按喇叭按钮，喇叭声音恢复正常。如果喇叭声音仍然沙哑，而用手晃动喇叭时固定螺钉又没有松动，可用螺丝刀将喇叭继电器的火线与通往喇叭的导线接通，再作下列检查： (1)按喇叭按钮，若听到喇叭声音正常，这说明故障发生在继电器内部。可打开继电器盖，检查继电器触点是否因烧蚀或有污物等而使触点接触不良，导致喇叭声音沙哑 (2)经检查和局部修整，若喇叭声音仍然沙哑，可以把喇叭盖打开，检查钨金触点是否烧蚀或粘接，回位弹簧钢片是否折断等。如果喇叭触点没有烧蚀，钢片也没有折断，可用扳手调整触点间隙。调整后声音恢复正常，说明喇叭声音沙哑是因触点间隙失调而引起的；若调整后声音仍然沙哑，可以检查衔铁与铁芯之间的间隙，一般应为 0.5～1.5 mm，再观察一下此间隙四周是否相等，有无歪斜碰撞等情况。倘若四周间隙相等，也没有歪斜碰撞之处，而且间隙也比较合适，此时可以检查锁紧螺母及扩音筒的紧固螺母是否有松动。如没有松动之处，可以进一步分解检查振动膜片是否有破裂的地方或发生了弯曲变形之处 (3)如果振动膜片良好，经多方面检查和调整，喇叭声音仍然沙哑，可检查扩音筒装配振动膜片处是否变形。往往由于装配紧固膜片弯曲变形，影响喇叭的音质，必须注意这种人为的故障发生。如果是喇叭扩音筒破裂造成声音沙哑，一般通过外观检查就能发现。电喇叭筒破裂应予以更换，电喇叭筒有高、低音之分，高音电喇叭筒比低音电喇叭筒短，不能装错
按下喇叭按钮时，喇叭不响，只发“嗒”一声，但电流表指针的摆动量比正常耗电量时的摆动量要大得多	①调整不当，使喇叭触点不能打开	重新调整喇叭
	②喇叭触点间短路	卸下喇叭盖，检查触点和继电器的绝缘情况
	③电容器或灭弧电阻短路	检查电容器是否短路，消弧电阻是否断路，喇叭衔铁与铁芯之间的间隙是否过大

续表 7-4

故障现象	故障原因	故障排除
触点容易烧蚀	①调整不当，工作电流过大	重新调整喇叭
	②线圈匝间短路，触点电流大	触点表明烧蚀严重时，应拆下用油石打磨，且触头厚度不得小于 0.3 mm，否则应予更换。重新安装触头臂时，应注意各金属垫和绝缘垫的位置，切勿装错
	③消弧电阻或电容器损坏	消弧电容损坏必须更换，消弧电阻损坏可用直径为 0.12 mm的镍铬丝重新绕。消弧电阻绕制好后，其两接线片必须铆接后再焊锡，电阻和底盘一定要绝缘，下端的接线片应离底盘 2～3 mm，防止短路

任务 33　仪表系统电路使用与维护

一、仪表系统在实车上的认识

对照实车介绍冷却液温度表、机油压力表、燃油表、车速里程表、发动机转速表等在实车上的位置，并进行工作情况演示。

二、仪表电路检测方法认识

(1)展示仪表控制电路线路图，如图 7-9 所示。

(2)对照线路图分析信号工作电路走向。

(3)仪表控制电路检测。根据线路的控制原理，可以利用拆线法、搭铁法及模拟法进行检测。

三、仪表的使用注意事项

1. 油压表

(1)油压表必须与其配套设计的稳压器、传感器配套使用。

(2)油压表安装时必须保证接线柱绝缘良好，拆卸时不要敲打或碰撞。

(3)弹簧管式油压表安装时必须保证管口的密封，以防漏油。

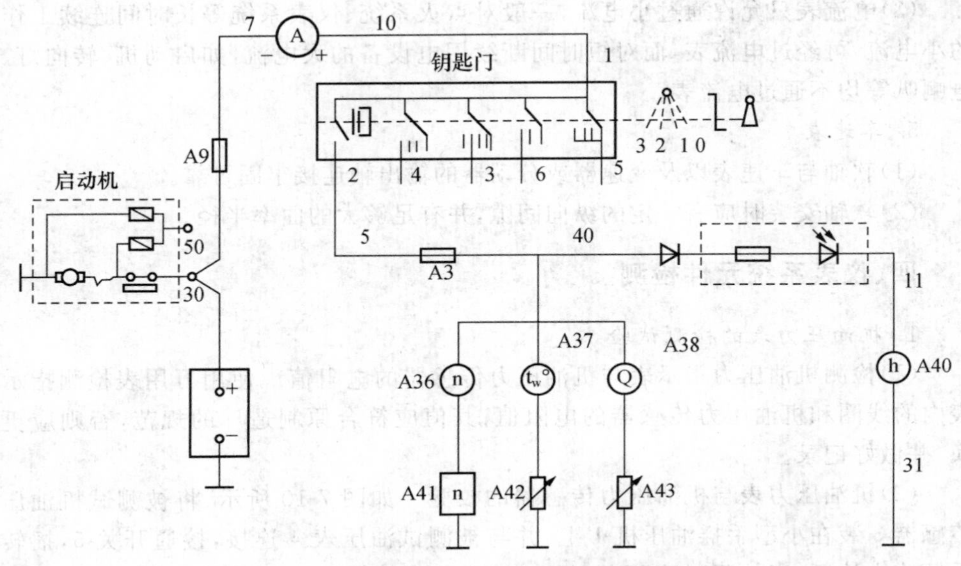

图 7-9　迪尔佳联 C230 联合收割机仪表电路

(4)双金属片式机油压力传感器安装时，一定要使传感器上的箭头符号向上并与垂直中心线的夹角小于 30°。

2. 燃油表

(1)燃油表必须与其配套设计的稳压器、传感器配套使用。

(2)燃油表的接线必须连接可靠，不得与金属导体相接触。

(3)两接线柱式燃油表，一般情况下应将上接线柱与电源线相连，下接线柱与传感器相连。

3. 水温表

(1)水温表必须与其配套设计的稳压器、传感器配套使用。

(2)水温表与水温传感器安装时，必须注意接线柱的绝缘，同时必须保证各线可靠，并不得与金属相碰。

(3)水温表与水温传感器拆卸时不要敲打和碰撞。

4. 电流表

(1)电流表应与发动机的型号相匹配。

(2)电流表应与蓄电池串联且接线时极性不可接错。电流表的接法应以发电机为准，若负极搭铁，即电流表的负接线柱与蓄电池的正极相连，则发电机的“＋”极应接电流表的“＋”极；反之，则发电机的“－”极应接电流表的“－”极。

(3)电流表只允许通过小电流,一般对点火系统、仪表系统等长时间连续工作的小电流,可经过电流表,而对短时间断续用电设备的大电流,如启动机、转向灯、电喇叭等均不通过电流表。

5. 车速表

(1)软轴与车速表以及变速器或分动器的输出轴连接牢固可靠。

(2)软轴安装时应有一定的纵向间隙,并有足够大的曲率半径。

四、仪表系统元件检测

1. 机油压力表的检测试验

(1)检测机油压力指示表与机油压力传感器的电阻值　使用万用表检测指示表内的线圈和机油压力传感器的电阻值,其值应符合原制造厂的规范,否则应更换,并做好记录。

(2)机油压力表与机油压力传感器的校验　如图 7-10 所示,将被测试机油压传感器 3 装在小型手摇油压机 1 上,并与被测试油压表 4 连接,接通开关 5,摇转手柄改变油压,当被测试油压表 4 的压力分别是 0、2、5 MPa 时,其油压表 2 的压力也相应地指示 0、2、5 MPa 时,则证明工作均正常,否则应该调整更换。

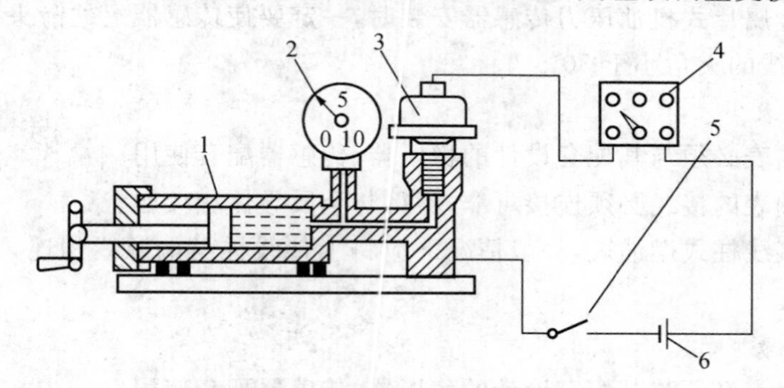

图 7-10　油压表与传感器的校验

1. 手摇油压机　2. 油压表　3. 被测试传感器　4. 被测试油压表　5. 开关　6. 蓄电池

(3)机油压力表与机油压力传感器调整　电磁式、动圈式机油压力表可通过改变左右线圈的轴向位置或夹角来调整,双金属片式油压表可通过拨动表中的齿扇来调整。调整金属片式油压传感器可在传感器之间串入电流表。若油压表为零压力时,传感器输出电流过大或过小,应烫开被测试传感器的调整熔孔 10,拨动调整齿扇 5 进行调整。油压传感器如图 7-11 所示。

(4)机油压力表的检测　检测机油压力表时,将被测的机油压力表串联在机油

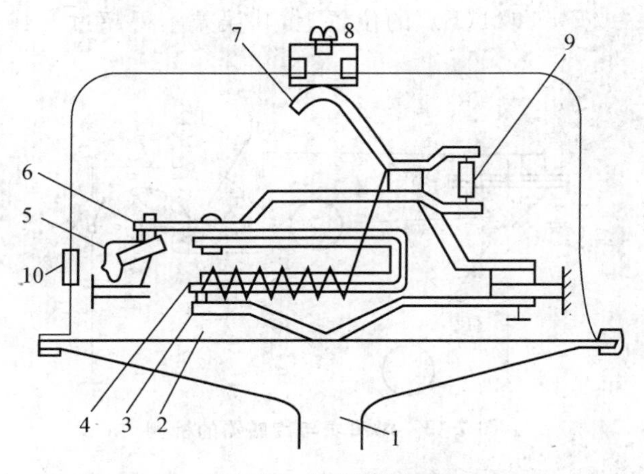

图 7-11　油压传感器

1. 油腔　2. 膜片　3. 弹簧片　4. 双金属片　5. 调整齿扇　6. 接触片　7. 接线柱
8. 校正电阻　9. 电阻　10. 熔孔

压力表的检测电路中，如图 7-12 所示。接通开关，调整可变电阻，当毫安表分别指在 65、175、240 mA 时，机油压力表应对应指示在“0”“2”和“5”。若在“0”位有偏差，可调节机油压力表内部左侧齿扇，使其指针对准“0”；若在“5”位上不准，应转动机油压力表内部右侧调整齿扇，使其指针摆到“5”的刻线上。

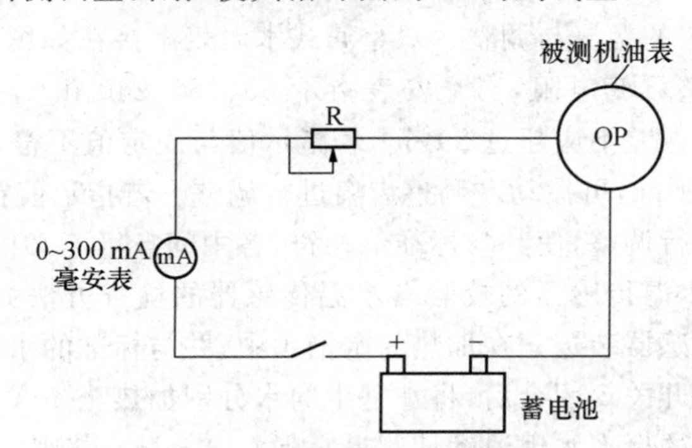

图 7-12　机油压力表检测电路

2. 燃油表的检测

(1)燃油表与传感器的测量。用万用表测量线圈和传感器电阻值，均应符合制造厂的规定，不符合标准应维修或更换。

(2)燃油表与传感器的检测与调整，先将被测指示表与标准传感器按图 7-13 接线，然后闭合开关 S，标准传感器的浮子杆与垂直轴线分别成 31°和 89°时，指示表必须对应指在“0(E)”和“1(F)”的位置上，其误差不得超过±10%，否则应予以调整。

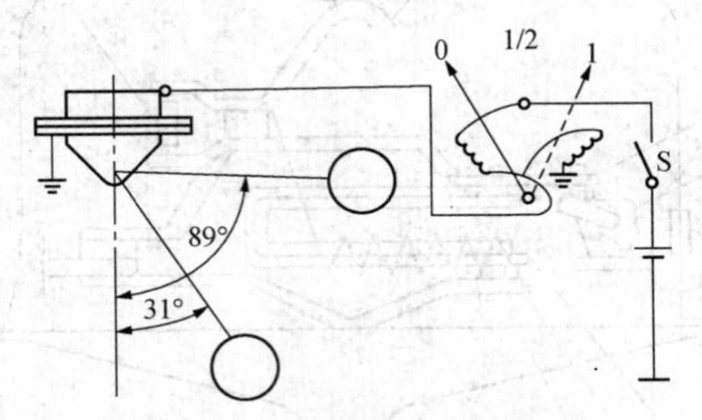

图 7-13　燃油表与传感器的检测

若双金属片式指示仪表不能指到“0(E)”或“1(F)”时，可转动调整齿扇进行调整。

若使用标准指示仪表检查传感器超过误差值时，可改变滑变动触片与电阻的相应位置进行调整，或更换传感器。

3. 水温表的检测

(1)水温表和水温传感器的测量　用万用表测量线圈和传感器电阻值，均应符合制造厂的规定，不符合标准应维修或更换。

(2)水温指示表的检测与调整　双金属式水温表串接在如图 7-14 所示的电路中。接通开关，调整可变电阻，当毫安表指示 80、160、240 mA，指针应指在 100、80、40℃的位置，其误差不应超过 20%。若指示值与规定值不符，应予以调整。若指示值在 100℃时不准，可拨动左调整齿扇进行调整。若指示值在 40℃时不准，可拨动右调整齿扇进行调整，使其与标准值相符，各中间点可不必校验。

(3)水温表与水温传感器的校验　水温传感器的检查方法如图 7-15 所示，可将被检查的水温传感器装进正在加热的水槽 1 中，并与标准的水温表 6 串联，然后接入电源。当电源开关 5 闭合后，将水槽中的水分别加热至 40℃和 100℃时(此时水温由插入水槽中的标准水银温度计测量)，保温 3 min。若观察到与传感器串联的标准水温表也分别示出 40℃和 100℃，则表明该水温传感器的工作正常，否则应更换传感器。

4. 电流表的检测

(1)电流表的检验　将被测电流表与标准电流表(－30～＋30 A)及可变电阻串联在一起，比较两个电流表的读数，若读数差不超过 20%，则可认为被测试电流表工作正常。

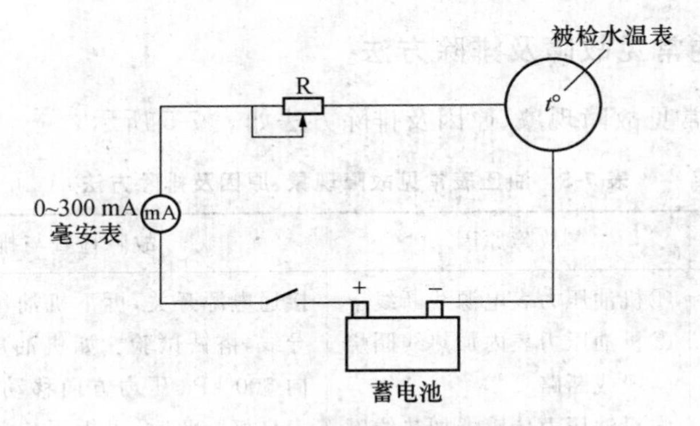

图 7-14　水温指示表的检测

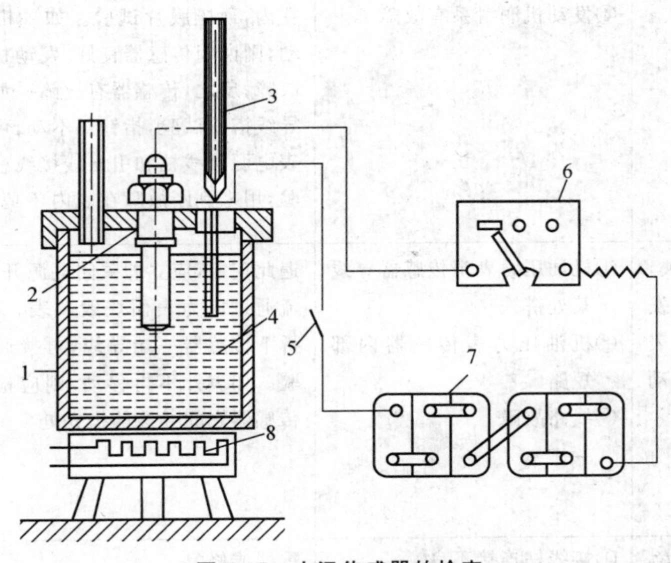

图 7-15　水温传感器的检查

1. 加热槽　2. 被试传感器　3. 水银温度计　4. 热水　5. 开关
6. 标准水温指示表　7. 蓄电池　8. 加热电炉

(2)电流表的调整　若被测试电流表读数偏高,以充磁法进行调整的方法有两种:一种是永久磁铁法,即用一个磁力较强的永久磁铁与电流表永久磁铁的异性磁极接触一段时间以增强其磁性;另一种是电磁铁法,即用一个"Ⅱ"字形电磁线圈通以直流电,然后和电流表的永久磁铁的异性磁极接触 3～4 s,以增强其磁性。

五、仪表的常见故障及排除方法

(1)油压表常见故障现象、原因及排除方法如表 7-5 所示。

表 7-5 油压表常见故障现象、原因及排除方法

故障现象	故障原因	故障检查与排除
发动机运转,机油压力表指针指示在“0”不动	①机油压力表电源线断线 ②机油压力表内加热线圈烧毁或断路 ③机油压力传感器加热线圈烧坏或触头接触不良 ④发动机润滑系有故障	接通电源开关,拆下机油压力传感器一端导线,搭铁试验。如机油压力表指针从 0 向 500 kPa 压力方向移动,说明机油压力表良好。此时,可拆下传感器并装回拆下的导线,用一根适当的棍棒,塞进传感器油孔内,顶压膜片试验。如果机油压力表走动,则说明传感器良好,发动机润滑系统有故障;反之,传感器有故障。如传感器一端导线搭铁试验,指针仍不动,可在机油压力表电源接线柱和引出线接线柱分别搭铁试验,用来判断故障在表内还是在导线
接通电源开关,发动机尚未发动,机油压力表指针即开始移动	①机油压力表至传感器导线某处搭铁 ②机油压力表传感器内部短路 ③线路故障	遇此现象,应立即关闭电源开关,以免大电流通过压力表而烧毁仪表。检查时,可先拆下传感器一端导线,再接通电源开关试验。如表针不再移动,则应检查压力表至传感器之间导线的搭铁处
指针指示不正确	①接线柱连接不良 ②指示表电热线圈烧坏 ③指示表十字交叉线圈内部短路或断路 ④传感器安装位置不对	重接或修复 更换 更换 正确安装

(2)燃油表常见故障现象、原因及排除方法如表 7-6 所示。

表 7-6 燃油表常见故障现象、原因及排除方法

故障现象	燃油表类型	故障原因	故障排除
接通点火开关，无论油箱存油多少指在“0(E)”处不动	电磁式、动磁式燃油表	①燃油表极性接反 ②传感器内部搭铁或浮子损坏 ③燃油表指针卡死及内部电磁线圈断 ④指示表电源线断路	重接 用油量表电源接线柱搭铁试验，若无火，说明电源线有断路；若有火，说明电源线良好，可拆下传感器上的导线，如指针指向“1”，说明传感器内部有搭铁处。若浮筒损坏，浮子不能随油面升高而浮起，油量表总是指向“0”，应修复或更换
	双金属片电热式燃油表	①传感器损坏或搭铁不良 ②传感器至燃油表间线路有断路或接线头接触不良 ③燃油表电源线断脱，电热线圈断路	更换传感器或重装 更换导线或重新接线 更换导线或更换燃油表
接通点火开关，无论油箱存油多少指在“1(F)”处不动	电磁式、动磁式燃油表	①传感器损坏或接触不良 ②传感器至燃油表间线路有断路 ③燃油表传感器接线柱与电磁线圈脱焊或接触不良	更换传感器或重装 更换导线 更换燃油表
	双金属片电热式燃油表	①传感器内部搭铁 ②燃油表至传感器间线路搭铁 ③燃油表内部短路	更换传感器 更换导线或检修 更换燃油表

(3)水温表常见故障现象、原因及排除方法如表 7-7 所示。

表 7-7 水温表常见故障现象、原因及排除方法

类型	故障现象	故障原因	故障排除
双金属片电热式水温表	接通点火开关，水温表指示不动或指示数值偏高	传感器损坏或搭铁不良	修理或更换传感器
电磁式、动磁式水温表	接通点火开关，水温表指示不动或指示数值偏低	①电源接线断路 ②水温表、传感器间的线路断路 ③水温表指示表电热线圈烧坏或断路	重新接线 更换连接线 更换指示表
双金属片电热式、电磁式、动磁式水温表	接通点火开关，水温表指针指示数值偏低	指示表至传感器之间连线有搭铁	修理或更换导线
	接通点火开关，水温表指针指向最高值	传感器内部搭铁	更换传感器
	指针指示数值不正确、失准	①指示表与传感器未正确配套 ②指示表与传感器性能不良	必须配套 检查或更换

(4)电流表常见故障现象、原因及排除方法如表 7-8 所示。

表 7-8 电流表常见故障现象、原因及排除方法

故障现象	故障原因	故障排除
指针转动不灵	润滑油老化变质，轴针过紧	适量添加润滑油
指针有时转动，有时停滞	接线螺栓的螺母松动，接触不良	紧固接线螺栓的螺母
指示值过高	储存或使用过久，永久磁铁磁性减弱	以充磁法进行调整
电流表不摆动	电流过大，接线螺栓与罩壳或车架搭铁烧坏仪表	查找和排除故障根源，并更换仪表
电流表指针抖动	表针阻尼性差，调节器调节电压不稳，发电机电刷接触不良	调整表针阻尼，检查发电机和调节器

(5)电压表常见故障现象、原因及排除方法如表7-9所示。

表7-9　电压表常见故障现象、原因及排除方法

故障现象	故障原因	故障排除
电压表无指示	①仪表线路熔断器熔断 ②电压表损坏 ③导线断路	更换熔断器 更换电压表 连接导线
电压表指示过高	①调节器损坏 ②电压表失灵	更换调节器 校准电压表
电压表指示过低	①调节器损坏 ②发电机不发电或输出功率不足 ③电压表失调 ④发电机输出电路有搭铁	更换调节器 检修发电机,调节风扇皮带张紧度 校准电压表 拆除搭铁

(6)车速里程表常见故障现象、原因及排除方法如表7-10所示。

表7-10　车速里程表常见故障现象、原因及排除方法

故障现象	故障原因	故障排除
车速表和里程表指针均不动	①主轴减速机构中的蜗杆或蜗轮损坏使软轴不转 ②主轴处缺油或氧化而卡住不动 ③软轴或软管断裂 ④表损坏 ⑤转轴方孔或软轴被磨圆 ⑥软轴与转轴或主轴连接处松脱	更换零件 清除污物加润滑油 更换 更换 更换转轴或软轴 连接牢靠
车速表和里程表指示失灵	①永久磁铁的磁性急减或消失 ②游丝折断或弹性急减 ③里程表蜗杆磨损	充磁 更换 更换
车速表指针跳动、不准而里程表正常	①指针软轴磨损或已断 ②指针轴转轴的轴向间隙过大 ③感应罩与磁铁相碰 ④游丝失效或调整不当 ⑤软轴与转轴或变速器、分动器的输出端的结合处断脱 ⑥软轴安装状态不符合要求,某处弯曲度大	更换 调整 检修 更换游丝或重调 重装或更换 改变安装或更换

续表 7-10

故障现象	故障原因	故障排除
工作时间发出异响	①软轴过于弯曲、扭曲	更换软轴
	②软轴与转轴、变速器或分动器的输入段润滑不良	加润滑油
	③各级蜗轮蜗杆润滑不良	加润滑油
	④磁钢与感应罩相碰	检修
车速表工作正常而里程表工作不良	①减速蜗轮蜗杆啮合不良	更换
	②计数轮运转不良	更换
里程表走动而车速表不动	①感应罩或指针卡住	检修
	②磁铁失效	充磁

任务 34 报警系统电路使用与维护

一、报警系统在实车上的认识

对照实车介绍冷却液温度表、机油压力表、燃油表、车速里程表、发动机转速表在实车上的位置，并进行工作情况演示。报警系统主要工作元件的结构及工作原理如下：

报警灯通常安装在仪表上，灯泡功率一般为 1～4 W，在灯泡前设有滤光片，使报警灯发红光或黄光，滤光片上通常有标准图形符号。

1. 燃油低油位报警灯

燃油低油位报警灯电路如图 7-16 所示，当油箱内油量多时，热敏电阻元件浸没在燃油中，其温度较低，电阻值大，报警灯处于熄灭状态，反之报警灯亮。

2. 冷却液温度报警灯

冷却液温度报警灯的电路如图 7-17 所示，冷却液正常时，传感器因感温低，双金属片几乎不变形，触点分开，报警灯不亮。如果冷却液温度升高到 95℃以上时，双金属片则由于温度高而弯曲，使触点闭合，红色报警灯便通电发亮，以警告驾驶员采取适当的降温措施。

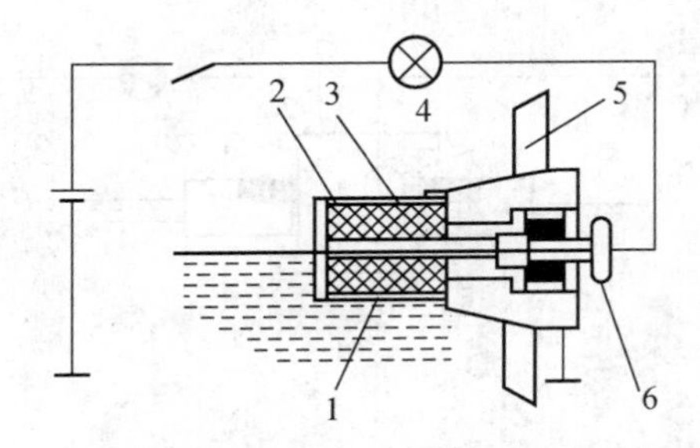

图 7-16　燃油低油位报警灯电路

1. 热敏电阻　2. 防爆金属　3. 外壳　4. 报警灯　5. 油箱外壳　6. 接线柱

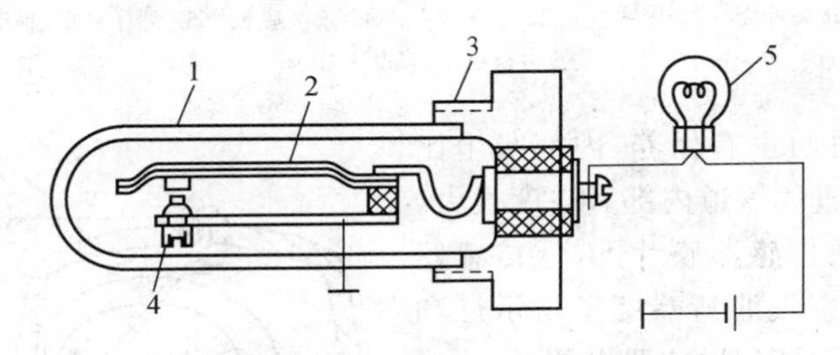

图 7-17　冷却液温度报警灯电路

1. 水温报警传感器套筒　2. 双金属片　3. 螺纹接头　4. 静触点　5. 报警灯

3. 制动系统监控报警灯

制动器报警灯的电路如图 7-18 所示，主要由传感器和报警灯组成，点火开关接通时为制动器报警灯提供电源，当制动液液位降低时，内置的永磁磁环的浮子同时下降，液位传感器内的舌簧开关闭合，使制动器报警灯负极搭铁，制动器报警灯点亮提示制动系统有故障。

4. 机油压力报警灯

弹簧管式机油压力报警灯的电路如图 7-19 所示，它由装在发动机主油道的弹簧管式传感器和装在仪表板上的红色报警灯组成。传感器为盆形，内有管形弹簧，它的一端经管接头与润滑系主油道相通，另一端固定着动触点，静触点经接触片与接线柱相连。

当机油压力低于允许值时，弹簧管变形很小，触点闭合，接通电路，报警灯亮，警告驾驶员机油压力不正常。当机油压力超过允许值时，弹簧管变形很大，使触点分开，切断电路，报警灯熄灭，说明润滑系工作正常。

5. 空气滤清器堵塞报警信号电路

空气滤清器堵塞传感器为薄膜常开触点式，安装在空气滤清器管道上。当空

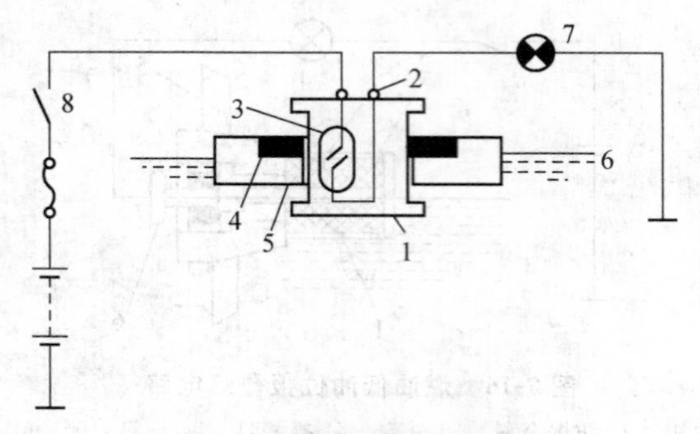

图 7-18 制动器报警灯电路

1. 舌簧开关外壳 2. 接线柱 3. 舌簧开关 4. 永久磁铁 5. 浮子 6. 制动液面
7. 报警灯 8. 点火开关

气滤清器很长时间没有保养，内部灰尘比较多时，发动机进气管道内部真空度很大。空气压力作用在传感器膜片上，使传感器触点闭合，接通空气滤清器堵塞指示灯和讯响器电路，指示灯和讯响器报警。

6. 液压油滤清器堵塞报警信号电路

液压油滤清器堵塞传感器为薄膜常开触点式，安装在液压油滤清器结合体上，用导线与报警指示灯相连。如果液压油回路上的液压油滤清器堵塞，液压油的压力会升高，压力作用在传感器中的膜片上，使传感器触点闭合，接通指示灯和讯响器电路。

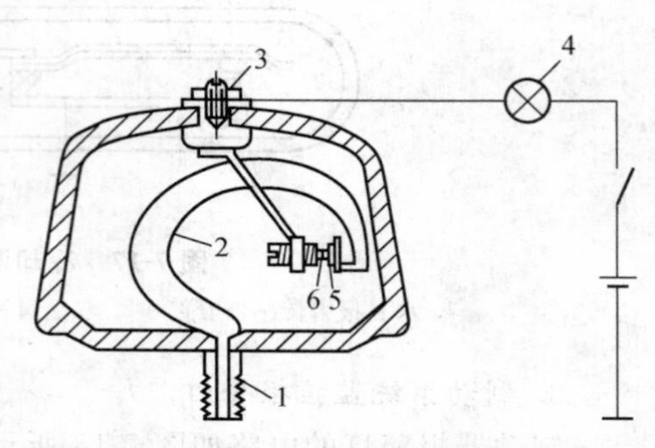

图 7-19 弹簧管式机油压力报警灯电路

1. 报警灯 2. 传感器接线柱 3. 管形弹簧
4. 固定触点 5. 活动触点 6. 油管接头

7. 离合器及制动器油箱油量不足报警信号电路

制动器油箱内有浮子，浮子上端与传感器的接触开关相连，传感器开关安装在油箱盖上。当油量发生变化时，浮子也上下浮动。如果油量下降到离合器及制动器不动作时，浮子使传感器触点开关闭合，接通报警信号指示灯和讯响器电路。

二、报警电路检测方法认识

(1)报警控制电路线路图，如图 7-20 所示。报警系统电路的特点归纳如下：

①报警系统电路均有两个开关控制，即点火开关和各自的控制开关；

②各报警指示灯与各自控制开关串联；

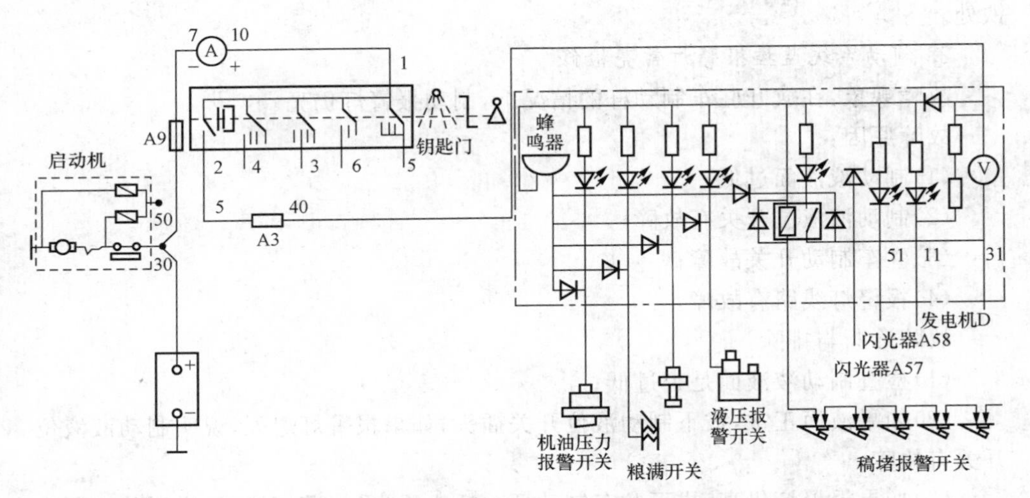

图 7-20　迪尔佳联 C230 联合收割机报警系统电路

③所有的报警信号灯都集中设在仪表板总成上；

④驻车制动开关安装在停车制动操纵杆支架上，由驻车制动操纵杆控制。

(2)对照线路图分析报警工作电路走向。

(3)报警控制电路检测。根据线路的控制原理，可以利用分段法进行检测。

三、报警系统常见故障及排除方法

1. 冷却液温度报警灯常亮检修

故障现象：农机在行驶中，无论冷态还是热态，冷却液温度报警灯常亮。

故障原因：

(1)储液罐中冷却液液面过低；

(2)冷却液液位开关故障；

(3)冷却液温度报警开关故障；

(4)报警灯线路有搭铁。

故障诊断与排除：

(1)检查发动机冷却液温度是否真的过高以及储液面是否过低；

(2)上述正常，拔下储液罐液位开关插头。如果报警灯熄灭，说明液位开关有故障；

(3)如果报警灯仍然亮，接好液位开关插头，拔下冷却液报警开关插头。如果报警灯熄灭，说明冷却液温度报警开关有故障；如果报警灯熄灭，说明线路有搭铁处。

2. 制动系统监控报警灯常亮检修

故障现象：在放开驻车制动杆的情况下，制动报警灯仍亮。

故障原因：

(1)制动液液面过低；

(2)制动液液位开关有故障；

(3)驻车制动开关故障；

(4)报警灯线路有故障。

故障诊断与排除：

(1)检查制动液液面是否过低；

(2)如果液面正常，拔下制动液位开关插头；如果报警灯熄灭，说明制动液液位开关有故障；

(3)如果报警灯仍亮，拔下驻车制动开关插头，如果报警灯熄灭，说明驻车制动开关有故障；如果报警灯仍然亮，说明线路有搭铁处。

3. 机油压力报警灯常亮故障的检修

故障现象：农机在行驶过程中，发动机机油压力报警灯常亮。

故障原因：

(1)机油压力报警开关故障；

(2)润滑油路压力达不到规定要求；

(3)线路故障。

故障诊断与排除：当出现机油压力报警灯常亮故障时，首先要区分是润滑系统故障还是报警系统自身故障，通常采用测量油压的方法进行诊断。

(1)用二极管测试灯接到蓄电池正极及低压开关之间时，发光二极管被点亮。启动发动机，慢慢提高转速，压力达到 15～45 kPa 时，发光二极管必须熄灭，若不熄灭则说明低压开关故障。再令发动机怠速运转，机油压力应大于 45 kPa，发光二极管应熄灭，若压力低于 15 kPa 则说明润滑系统有故障。

(2)将二极管测试灯连接到高压开关上，慢慢提高发动机转速。当机油压力达到 160～200 kPa 时，发光二极管必须亮，若不亮则说明高压开关有故障。进一步提高转速，转速达到 2 000 r/min，油压至少应达到 200 kPa，若达不到则说明润滑系统有故障。

通过上面检查，若润滑系统和机油开关都正常，但报警灯常亮的故障仍存在，应按电路图检查线路故障。

检查时要注意：低压报警开关线路是在搭铁短路时报警灯亮，应重点检查有无搭铁;而高压报警开关线路是在断路且发动机转速超过 2 000 r/min 时报警灯亮,应重点检查有无断路。

4. 燃油量报警装置故障的检修

燃油量报警装置的常见故障现象、原因及排除方法见表 7-11。

表 7-11 燃油量报警装置的常见故障现象、原因及排除方法

故障现象	类型	故障原因	故障排除
接通电源无论油箱中存油多少,指示灯均亮	热敏电阻式	①传感器内部搭铁 ②指示灯至传感器间导线搭铁	更换传感器 更换导线
	晶体管式	①传感器损坏或搭铁不良或燃油表间的线路断路 ②电子线路有故障	更换传感器或导线或重新装好 检查或更换线路
	电子式	①传感器内部搭铁或传感器与燃油表间导线搭铁 ②电子线路有故障 ③燃油表内部或电源线断脱	更换传感器或导线 检查或更换线路 连好断脱导线
接通电源无论油箱中存油多少,指示灯均不亮	热敏电阻式	①传感器损坏或搭铁不良 ②指示灯损坏或至传感器间有短路	更换传感器或重新装好 更换指示灯或导线
	电子式	①传感器损坏或搭铁不良 ②传感器至燃油表间有断路 ③电子线路有故障或指示灯损坏	更换传感器或重新装好 更换导线 更换导线或指示灯
	晶体管式	①传感器内部至燃油表间有导线搭铁 ②指示灯损坏或电子线路有故障 ③电子线路断脱或燃油表损坏(短路)	更换传感器导线 更换指示灯或检修电子线路 连接好断脱处或更换燃油表

任务 35 刮水器电路的使用与维护

一、电动刮水器在实车上的认识

对照实车介绍刮水器在车上的位置,并进行工作情况演示。如图 7-21 所示电动刮水器的结构示意图。

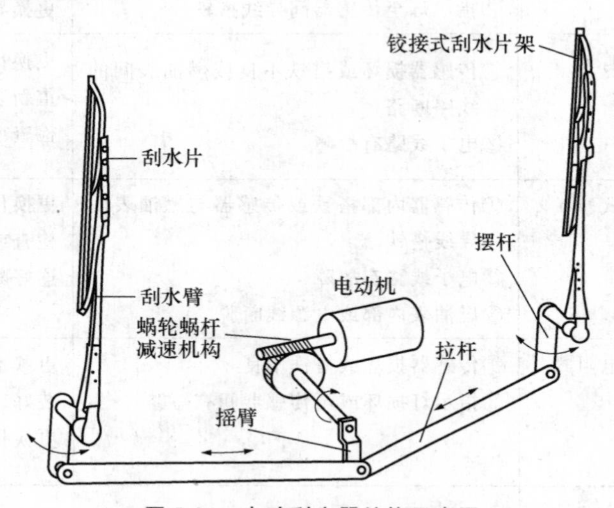

图 7-21 电动刮水器结构示意图

二、电动刮水器的维护保养

(1)检查刮水片、橡胶片,如有发硬、裂纹、撕裂等现象应该予以更换。刮水器的金属部位是否完好,与刮水臂的连接是否可靠。

(2)在挡风玻璃表面干燥时,不能启动刮水电动机,否则将使电动机过载,使挡风玻璃表面严重刨伤。

(3)应防止含酸、含硅的抛光膏沾到玻璃和刮水片上。挡风玻璃及刮水片上的积垢可用甲醇或乙醇(即酒精)清除。

(4)检查刮水臂弹簧的工作是否正常,是否有足够弹力压住刮水片。注意刮水臂不能弯曲,否则刮水片在运动中会发生颤动。

三、电动刮水器的检修

1. 电动机检修

(1)检查换向器表面有无烧蚀,轻微烧蚀的可用细砂布修整,严重烧蚀应车光或更换。

(2)检查电刷高度,一般不应低于 8 mm,如磨损严重应更换电刷。

(3)检查电枢轴与轴承的配合间隙,不应超过 0.1 mm;电机摇臂的轴向间距不超过 0.12 mm,否则应予修理或更换。

(4)检查蜗杆、蜗轮有无磨损,如磨损严重应更换。

(5)检查电枢线圈、磁场线圈有无搭铁、短路和断路,必要时应重绕和更换。

2. 刮水器联动机构的检修

(1)检查联动杆是否变形,如变形应予校正。

(2)检查刮水臂是否变形,刮水胶片是否老化,如变形或胶片老化应予更换。

(3)检查各连接球头及座是否损坏,如磨损严重应予修理或更换。

3. 刮水控制开关的检查

可用万用表检测刮水器开关处于“0”挡、低速挡或高速挡时的通断。如判断刮水器开关内部触点接触不良或烧坏,应予拆开检修。

四、电动刮水器的拆卸、安装

1. 刮水器电机的拆卸

拧松刮水器电动机的安装螺栓,然后拆下刮水器电动机部件;脱开连接杆和电动机部件,然后拆下连接杆。注意:由于曲臂和电动机的安装角度在出厂前已调整好,因此非必要时不要把它们拆开。如果需要拆开时,一定要在它们的安装位置上做记号后再拆开。

2. 刮水器的安装

正确安装电动刮水器:把电动机的输出曲柄装在电动机轴上时应对准记号。若无记号,安装时应做好下列工作以确保刮水器自动复位停机时,停留在正确位置。

(1)安装好电动机,接通电路,使电动机处于自动停转状态;

(2)将平行四杆联动机构安装到位,使曲柄松套在电动机输出轴上;

(3)移动刮片使其处于自动回位停止的水平位置;

(4)旋紧电动机曲柄轴固定螺母,开机做慢速试验,电动机一转动,雨刮应立即向上摆动。

五、电动刮水器的常见故障现象、原因及排除方法

电动刮水器的常见故障现象、原因及排除方法如表 7-12 所示。

表 7-12 电动刮水器的常见故障现象、原因及排除方法

故障现象	故障原因	故障排除
刮水器电动机不转	①电动机定子或转子断线、电刷磨损严重 ②电路中的熔断器断路或接线断线 ③开关接触不良 ④刮水间歇继电器损坏 ⑤连接杆卡滞不能运动或脱落,摇臂烧坏或锈蚀、脱落	更换电刷、定子、转子或更换电动机 更换熔断器、修复电路接线 更换开关 更换继电器 修复连接杆和摇臂
刮水器动作迟缓	①刮水电动机转子局部短路或电刷磨损严重 ②电源电压低,电路连接导线接触不良 ③开关接触不良④间歇继电器有故障 ⑤连杆连接过紧或过松,连接杆润滑不良或卡滞 ⑥橡皮刮片变质粘在玻璃上	更换电刷 提高电源电压,重新连接导线 更换开关 检查继电器并修理或更换继电器 更换连杆 清洗玻璃,更换刮水橡皮
刮水器不能复位	①停位触点接触不良 ②刮水电动机高速低速电刷磨损,自动复位装置继电器接触不良或自动复位装置运动不灵活	检查触点 检查修理,清洁触点油污,更换电刷继电器
刮水器震动	①风窗玻璃过脏 ②刮水器上的刮片损坏或刮片的倾角不对 ③传动机构有故障	清洗风窗玻璃 更换刮片或重新调整倾角 检修或更换

项目考核

1. 考核内容

(1)前照灯的维护；

(2)前照灯检测；

(3)闪光继电器的检测维护；

(4)闪光继电器的独立检测维护；

(5)转向信号系统故障检修维护；

(6)电喇叭的检查维护；

(7)喇叭的调整；

(8)机油压力表的检测试验维护；

(9)燃油表的检测维护；

(10)水温表的检测维护；

(11)电流表的检测维护。

2. 考核办法

实训项目活动评价表

<table>
<tr><td>学生姓名：</td><td>日期：</td><td rowspan="2">配分</td><td rowspan="2">自评</td><td rowspan="2">互评</td><td rowspan="2">师评</td></tr>
<tr><td>项目名称</td><td>评价内容</td></tr>
<tr><td rowspan="6">职业素养考核项目 40%</td><td>劳动保护穿戴整洁</td><td>6 分</td><td></td><td></td><td></td></tr>
<tr><td>安全意识、责任意识、服从意识</td><td>6 分</td><td></td><td></td><td></td></tr>
<tr><td>积极参加教学活动，按时完成学生工作页</td><td>10 分</td><td></td><td></td><td></td></tr>
<tr><td>团队合作、与人交流能力</td><td>6 分</td><td></td><td></td><td></td></tr>
<tr><td>劳动纪律</td><td>6 分</td><td></td><td></td><td></td></tr>
<tr><td>实训现场管理 6S 标准</td><td>6 分</td><td></td><td></td><td></td></tr>
<tr><td rowspan="4">专业能力考核项目 60%</td><td>专业知识查找及时、准确</td><td>15 分</td><td></td><td></td><td></td></tr>
<tr><td>操作符合规范</td><td>15 分</td><td></td><td></td><td></td></tr>
<tr><td>操作熟练、工作效率</td><td>12 分</td><td></td><td></td><td></td></tr>
<tr><td>实训效果监测</td><td>18 分</td><td></td><td></td><td></td></tr>
<tr><td colspan="3">总分</td><td></td><td></td><td></td></tr>
<tr><td>总评</td><td colspan="2">自评(20%)+互评(20%)+师评(60%)</td><td colspan="2">总评成绩</td><td></td></tr>
</table>

3. 考核评分标准

(1)正确熟练　赋分为满分的90％～100％。

(2)正确不熟练　赋分为满分的80％～90％。

(3)在指导下完成　赋分为满分的70％～80％。

(4)不能完成　赋分为满分的70％以下。

综合性思考题

1. 现代农机对照明的要求有哪些？

2. 防炫目措施有哪些？

3. 简述电子喇叭的工作原理。

4. 简述电容式闪光器的工作原理。

5. 前照灯亮度不够的原因有哪些？

6. 转向灯闪烁过快的原因有哪些？

7. 农机常用仪表有哪些？

8. 农机常用仪表各有什么作用？

9. 农机上有哪些报警装置？

10. 如何对水温表和燃油表不工作故障进行诊断？

11. 试分析冷却液温度表指针不动的故障原因及排除方法。

12. 试分析机油压力报警灯常亮的故障原因及排除方法。

13. 简述电动刮水器的作用及组成。

14. 简述变速刮水器的工作原理。

15. 蓄电池不充电的原因可能有哪些？如何判断？

16. 什么是眩光？什么是不舒适眩光？什么是失能眩光？影响眩光的因素有哪些？

参考文献

1. 齐亮，郭聚臣．农用运输车使用与维修手册．北京：机械工业出版社，1999.

2. 余云龙．汽车电工．北京：机械工业出版社 2002.

3. 赵耀．联合收获机使用与维修．北京：中国农业出版社，2000.

4. 李平，杨祖孝．新编小型拖拉机使用维修．北京：机械工业出版社 ，2002.

5. 王勇．汽车电气设备构造与维修．北京：机械工业出版社，2003.

6. 董克俭．谷物联合收割机使用与维护技术．北京：金盾出版社，2009.

7. 管延华，王宗亮，王健春．农用运输车故障分析与排除．北京：中国农业出版社，2003.

8. 屈殿银，胡霞．农用运输车电器设备故障检修与电路．北京：化学工业出版社，2003.

9. 范利仁．汽车电器系统检修．北京：北京交通大学出版社，2010.

10. 于明进，于光明．汽车电气设备构造与维修．北京：高等教育出版社，2007.

11. 赵学斌，王凤军．汽车电器与电子控制技术．北京：机械工业出版社，2006.